静心

王 波◎编著

科学普及出版社

·北京·

图书在版编目（CIP）数据

静心 / 王波编著. -- 北京：科学普及出版社，
2025. 1. -- ISBN 978-7-110-10888-8

Ⅰ. B821-49

中国国家版本馆CIP数据核字第2024S4T291号

特约策划	王晶波
责任编辑	孙倩倩
装帧设计	创巢视觉
责任印制	李晓霖

出　　版	科学普及出版社
发　　行	中国科学技术出版社有限公司
地　　址	北京市海淀区中关村南大街 16 号
邮　　编	100081
发行电话	010-62173865
传　　真	010-62173081
网　　址	http://www.cspbooks.com.cn

开　　本	880mm×1230mm　1/32
字　　数	124 千字
印　　张	6
版　　次	2025 年 1 月第 1 版
印　　次	2025 年 1 月第 1 次印刷
印　　刷	德富泰（唐山）印务有限公司
书　　号	ISBN 978-7-110-10888-8/ B·91
定　　价	48.00 元

| 前 言

一个追求幸福和成功的人,总是要置身于人更多的地方,因为那里虽然拥挤,却有更多机会;总是与寂寞有一个美丽的约会,因为理解和陪伴并非永恒。面对这一切,关键在于我们的心态。若能怀以一种淡定、从容的心态,你便可能会发现一种别样的美好,会觉得静下心时一切美好如初。

很多人都有一个走出大山、离开小城的梦。于是,他们背起了行囊,到达所向往的都市。可是,置身于都市之中,很多人又觉得,生活充斥着无止境的嘈杂和喧嚣,觉得从早上闹钟欢唱开始,自己便像一台上足了发条的机器,马不停蹄地奔于一日忙于一日的机械般的生活。地铁里拥挤人群的谈话,一声高于一声;马路上川流不息车辆的鸣笛,一阵强过一阵;甚至等在斑马线时红绿灯都发出急促的倒计时声响……一切都是那么紧张,没有片刻的宁静。

除去沸腾的生活,你不得不面对的,还有浮华诱惑,它们总是在你没有防备的时候乘虚而入,打乱你的步伐,扰乱你的心绪,让你心浮气躁,失意消沉。最后的那份坚强和勇气,似乎也已消耗殆尽。于是,很多人想止步于现在,退回最初离开的地方。

可是，人的一生是多么长啊，有那么多的日日夜夜，那么多的风风雨雨；世界是那么大，每走一步都可能是探险，每遇一人都可能是陌生人。从来没有预先设计好的人生，让你走起来一帆风顺，平步青云，不受一点罪，不吃一点苦。谁的青春不迷茫，谁的人生不寂寞？逃避和退缩，不是明智的选择，我们需要的是鼓足勇气，面对险恶前路，从容走过每一天。

其实，人生永远是一个人的修行；而一个人的修行，从来都是孤独寂寞的。

当你独在异乡，寻找未来的世界，一个人打拼，一个人承担，一个人开心，一个人哭泣……那是寂寞的。

当你与亲人、恋人或友人分居两地，唯有默默思念、默默祝福他们，那是寂寞的。

当你获得成功，或面对绝美风光，却没有一个知心的人陪在身边，更没有人可分享那些喜悦与感慨，那是寂寞的。

当你面对人生失意，像一个被宠坏的孩子，抱怨付出的太多而得到的太少，抱怨不公平与不平衡，那是寂寞的。

……

就是这样，无论是多么亲密、多么喜爱的人，永远只能是"别人"；无论你是好是坏，这世间也只有一个你。在你面对喜怒哀乐、悲欢离合时，没有谁可以真的感同身受。

也正因如此，你不可能成为别人生活里的主角，就像无人可替代你和你的人生一样。每个人有每个人的体验，每个人有每个人的因果；同时，每个人都有每个人的修行。所以，不如在觉得寂寞的时候，趁机小憩片刻，静下心来，整理好情绪，然后重新出发。

第四章

静能制动，沉能制浮

第五章

心静自安，淡然自若

第六章

放弃"我执"，心静则通

第一章 ▷

水静则清，心静则明

杂念缠身心难静

人生的许多沮丧都在于得不到想要的东西。伊索说得好："许多人想得到更多的东西，却把现在所拥有的也失去了。"这可以说是对得不偿失最好的诠释了。

人人都有欲望，都想过美满幸福的生活，这是人之常情。但如果把欲望变成不正当的欲求，变成无止境的贪婪，那就成了欲望的奴隶。在欲望的支配下，我们会因权力、地位、金钱而迷失自己。我们常常感到非常累，但是仍不满足，因为在我们看来，很多人比自己生活得更富足。我们别无出路，只能硬着头皮往前冲，在无奈中透支着体力、精力与生命。

这样的生活，能不累吗？被欲望沉沉地压着，能不精疲力竭吗？静下心来想一想：有什么目标真的非要去实现？又有什么东西值得我们用宝贵的生命去换取？

许多人整日被自己的欲望所驱使。一旦受到挫折，得不到满足，便好似掉入寒冷的冰窖中一般。如此这般，哪里有幸福可言？有的人因毫无节制的欲望而狂热、骚动不安，而内心平静的人能够控制和引导自己的思想与行为，控制心灵所经历的风风雨雨。

心灵当空幽如谷

内心的平静是智慧与自律日积月累的成果，它呈现出丰富的经验与不凡的真知灼见。人们因自己的想法愈益成熟而变得沉稳，借着因果道理参透事物的关联性，于是便不再惊慌失措、焦虑悲伤，而是稳重镇定、从容沉着。

冷静的人，因为学会了自制，知道如何配合别人，而别人相对地也会敬重他的风范，从中学习并仰赖他。一个人愈是冷静，他的成就、影响力愈大，力量愈持久。头脑普通的生意人若能更自制与沉着，自己的生意便可能日益兴隆。其中的道理是：人们喜欢与稳重的人交易。

坚强、冷静的人往往受人爱戴，他们就像干涸土地上遮阳的大树，暴风雨中遮蔽风雨的港湾。谁不希望自己个性沉稳、脾气温和、生活规律呢？不论境遇如何，不论改变几何，对性情沉稳的人而言，都无须过分在意。

这种从容沉着的高尚个性是修身养性中最难的课题之一，实乃生命的花朵、心灵的硕果，它与智慧同样珍贵、比黄金更令人垂涎——没错，上等黄金也比不上它。与恬静的生活相比，汲汲营营于赚钱显得多么微不足道啊！

要获得平静的不二法门便是自制、自治与自清。若受自己的性情支配，则会感到自己受缚、不悦。若能克服自己的爱恨、愤怒、怀疑、妒忌，以及种种善变的情绪，成功挑战某项任务，便能将幸福与成功的金丝织入生活的罗帐中。

若你受内心多变的情绪左右，则需要外力协助你踏稳生活的步伐。一旦自行踏稳了步伐且稍有成就，则需学习怎样克服诸多干扰，每天练习修养心灵，亦即所谓的"进入静谧"。此方法能排除烦忧，换来平静，并且化弱为强。

内心平静能将涣散的力量导向汇集的方向。这好比将四处流窜的污水引至一条挖掘好的管道，化贫瘠的土地为金黄玉米田或丰收的果园。因此，镇定平静之人，若能导引内心所思，不论在精神上还是生活上，皆受益良多。

快乐源于内心的简约

人在一生中，会有许多的追求和憧憬。追求真理，追求理想的生活，追求刻骨铭心的爱情，追求金钱，追求名誉和地位。通过这种追求，我们会在不知不觉中拥有很多，有些是必需的，而有些却是毫无用处的。那些无用的东西，会成为我们的负担。

幸福与快乐源自内心的简约。简单使人宁静，宁静使人快乐。

周国平讲过这样一个故事。深入思考，你会发现生活表象下的人生真谛。

一个农民从洪水中救起了他的妻子，他的孩子却被淹死了。

事后，人们议论纷纷。有人说他做得对，因为孩子可以再生一个，妻子却不能死而复活。有人说他做错了，因为妻子可以另娶一个，孩子却没法死而复活。

哲学家听说了，也感到疑惑不解，他就去问农民。农民告诉他，他救人时什么也没想。洪水袭来，妻子在他身边，他抓起妻子就往山坡游。待返回时，孩子已被洪水冲走了。

自然是一种最睿智的生活方式，这个农民如果进行一番抉择的话，事情的结果会是怎样呢？洪水袭来，妻子和孩子被卷进旋涡，片刻之间就会失去性命，而这个农民还在山坡上进行抉择，妻子重要，还是孩子重要？

这里还有一个玄机和尚和雪峰禅师的故事。

话说玄机和尚喜欢终日打坐，却始终没有悟道，终于对打坐产生了厌倦和怀疑。一天，他心想：打坐，就是为了心无杂念，但如果靠打坐才能达到这样的效果，打坐和吸食鸦片有什么两样呢？

他眼神中充满了迷惘，目光渐渐黯淡了。然后他起身去拜见雪峰禅师，希望能从他那里得到答案。

雪峰禅师看着眼前的这个人，觉得他虽然有悟道之心，但是本性中有许多缺点，于是点点头，问道："你从哪里来？"

"大日山。"

雪峰微笑，话里暗藏机锋："太阳出来了没有？"意思是问他是否悟到了什么禅理。

玄机以为雪峰是在试探他，心想：连这个我都答不上来的话，这几年学禅，岂不是白白浪费时间了吗？便扬着眉毛说："如果太阳出来了，雪峰岂不是要融化？"

雪峰叹息着又问："您的法号？"

"玄机。"

雪峰心想：这个和尚太傲了，心里装的东西也太多了，且提醒他一下吧！于是问道："一天能织多少？"

"寸丝不挂！"玄机心想：就这也能考住我玄机和尚？真是太小瞧我了！

雪峰看他这样固执，不由得在心中感叹道："我用机锋来提醒他，他却和我争辩口舌，自以为是，却不知心中已经藏了多少名利的蛛丝！"

玄机看雪峰无话可说，便起身准备离去，脸上还是那样得意的神态。

他刚转过身去，雪峰禅师就在身后叫道："你的袈裟拖地了。"玄机不由自主地回过头来，见袈裟好好地披在身上，只见雪峰哈哈大笑："好一个寸丝不挂！"

所谓寸丝不挂，就是指心里不要装太多事，人应当少思寡欲，活得简单一些。

因为简洁，每每能找到生活的快乐。平凡是人生的主旋律，简洁则是生活的真谛。

难得糊涂去机心

世间一切现象没有永恒的本质，也没有永恒的真理。

人们正是因为很难认识到这一点，或者即使认识了也很难从心底接受，以至于过分执着，自以为是。莫不如去除杂质，于单纯中得正道。

人们总是羡慕聪明人的智商，殊不知其犹如水一样，可以载舟，也可以覆舟。

苏东坡在其《洗儿》一诗中说："人皆养子望聪明，我被聪明误一生。唯愿孩儿愚且鲁，无灾无难到公卿。"苏东坡对于因聪明而导致的苦难深有体会，从而希望自己的儿子愚蠢一点，躲避各种灾难。机关算尽往往是人的痛苦之源。

正所谓难得糊涂：聪明难，糊涂难，由聪明而转入糊涂更难。摒弃小聪明方才显示大智慧，除去矫饰的善行方能使自己真正回到自然的善性。机关算尽太聪明，结果未必是好的。

一个人若想拥有幸福、快乐的人生，必须去除机巧之心，用"难得糊涂"的心态和真正的大智慧去面对生活中的点滴。

众所周知，在音乐的世界中，技巧很重要，但过多的花哨技巧只会减弱情感的表达。人生也是如此，人人都玩弄聪明才智，只会让世界繁杂凌乱；难得糊涂，才能朴实安然地生活。

物无净秽，心有净秽

一位居士说：山河大地，尽是心中一点微尘。更应知此心非指身中之心脏，乃指无形之心性。此心性自多年以来，为一切烦恼，密密染污，所以不净，故有种种污秽现相。如水腐孑孓生，木腐菌霉生，水木不腐，方是好水好木，自无出孑孓菌霉。心断烦恼，便是净心，自无污秽现相。

确实如此，人心就是一副有色眼镜，心是什么颜色，眼中看到的东西就是什么颜色。物体本身都是大千世界中的自然存在，因为人的心不净，才会对外在事物做出所谓净秽的评断。

文道是个云水僧，因久仰慧熏禅师的道风，故跋山涉水不远千里来到禅师居住的洞窟前，说道："末学文道，素仰禅师高风，专程前来亲近、随侍，请和尚慈悲开示！"

因时已晚，慧熏禅师就说："日暮了，就此一宿吧！"

第二天，文道醒来时，慧熏禅师早已起身，并已将粥煮好了。用餐时，洞中并没有多余的碗可给文道用餐，慧熏禅师就随手在洞外拿了一个骷髅头，盛粥给文道。文道踌躇得不知是否要接，慧熏禅师说："你无道心，非真正为法而来，你以净秽和爱憎之情处世，如何能得道呢？"

善恶、是非、得失、净秽，这是从心所认识的世界，真正的道，不思善、不思恶、不在净、不在秽，文道的爱憎之念，拒受之情，当然要被慧熏禅师斥为无道心了。

心净，尘世净

舍卫国有一个做清洁工的妇人，天天打扫街道，十分勤劳。她的衣服很脏，市民都讨厌她，见到她，总是掩着鼻子走过。圣人鼓励她精进，城内有人不赞成，跑来责问道："你常说清洁的话，教人做清净的事，为什么要和肮脏的人谈话呢？难道你不觉得讨厌吗？"

圣人严肃地看了他一眼，回答说："这妇人保持城市清洁，对社会贡献极大，而且她谦卑、勤劳，做事负责，为什么讨厌她呢？"这时，那妇人洗过澡，换了衣服，容光焕发，出来和大家见面。

圣人继续说："你们外表虽然清洁，但是骄傲、无礼，心灵污秽。要知道：她外表的肮脏容易洗净，你们内心的肮脏才难以改善呀！"城内的人知道错了，再也不敢讥笑别人。

就像只有心灵美的人才能成为真正的美人一样，只有心灵的洁净才算是真正的洁净。

杨绛有一篇散文叫作《洗澡》，文中的内容很特别，她说的洗澡不是沐浴，而是给心灵洗澡，也就是净化和荡涤身心，与净心有异曲同工之处。

生活在现代文明之中的人，心灵很容易被蒙上一层厚厚的物质尘垢。洗去心灵的尘垢，才能够以一种轻松快乐的心态去直面现实的人生。

其实，净心并不玄妙，它实际上就是生命的一种积极、快乐、简单的状态。只要注重加强自身的心灵建设，持续不断地净化心灵，人们就能够得到单纯而简约的幸福。

世界由心生

许多人渴望返老还童，因为他们在内心深处想要找回孩童时的无忧、单纯、快乐。殊不知，烦恼大都是自找的，人越成长，越世俗，想的也就越多。逐渐地，他们被自己的想法所束缚，被他人的思想所控制，再也没有了原来的清净和快乐。

唐朝时，有一位懒瓒禅师隐居在衡山的一个山洞中，他曾写下一首诗，表达他的心境：

世事悠悠，不如山丘。卧藤萝下，块石枕头；

不朝天子，岂羡王侯？生死无虑，更复何忧？

这首诗传到唐德宗的耳中，德宗心想，这首诗写得如此洒脱，作者一定也是一位洒脱飘逸的人物吧？应该见一见！于是就派大臣去迎请禅师。

大臣拿着圣旨东寻西问，总算找到了禅师所住的岩洞，正好瞧见禅师在洞中生火做饭。大臣便在洞口大声呼叫道："圣旨到，赶快下跪接旨！"洞中的懒瓒禅师，却装聋作哑地毫不理睬。

大臣探头一瞧，只见禅师以牛粪生火，炉上烧的是地瓜。火愈烧愈炽，整个洞中烟雾弥漫，熏得禅师鼻涕纵横，眼泪直流。大臣忍不住说："看你脏的！你的鼻涕流下来了，赶紧擦一擦吧！"

懒瓒禅师头也不回地答道："我才没工夫为俗人擦鼻涕呢！"

懒瓒禅师边说边夹起炙热的地瓜往嘴里送，并连声赞道："好吃，好吃！"

大臣凑近一看，惊得目瞪口呆。懒瓒禅师吃的东西哪是地瓜呀，分明是像地瓜一样的石头！懒瓒禅师顺手捡了两块递给大臣，并说："请趁热吃吧！世界都是由心生的。贫富贵贱，生熟软硬，你在心里把它们看作一样的不就行了吗？"

大臣看不惯禅师这些怪异的举动，也不敢回答，只好赶回朝廷，添油加醋地把禅师的古怪和肮脏禀告皇帝。德宗听后并不生气，反而赞叹地说道："有这样的禅师，真是我们大家的福气啊！"

快乐无忧是因为物质条件的丰厚吗？显然不是，一个人的心中充满了快乐，那么忧愁、痛苦就永远不会在他的身上发生。

烦恼过了就是清净，过去心不可得，现在心不可得，未来心不可得；不生法相，应无所往而生其心，就这么简单。

向着童心靠拢

不沉迷于俗世纷纷扰扰之人，生活得清净而洒脱。表面看来，他们的生活寡淡无味，可正是这清心寡欲的生活让他们的内心回归到淳朴自然的状态，恢复了初来人世时的初心之境。

当人们初临人世的时候，都还是头脑空空的婴儿，只懂得饿了要吃，困了要睡，不懂得男女之间的色欲，不懂得功成名就、家财万贯的荣耀，他们什么都不知道，只以一颗纯真的初心，新奇地观望这个世界，享受这个世界带给他们的每一丝欢乐。

然而，俗世之中的人们往往为了功名利禄而终日奔波劳累，在对功名利禄的争夺中，看不清前途，看不清祸福，也看不清生死，对于生活的意义、生命的价值彻底惑然，自我也在其中迷失，万千的烦恼应运而生，纠缠着人们的身心。

如何摆脱这万千的烦恼，重返欢乐无忧的境界，找回一颗初心？不妨向着童心靠拢，找回你逝去的童真稚趣，或许能找回你汲汲呼唤的初心。

南宋著名诗人杨万里在《宿新市徐公店》一诗中写道：

篱落疏疏一径深，树头花落未成阴。

儿童急走追黄蝶，飞入菜花无处寻。

该诗大意为：在稀稀落落的篱笆旁，有一条小路伸向远方。路旁树上的花已经凋落了，而新叶却刚刚长出，还没有形成树荫。儿童们奔跑着，追扑翩翩飞舞的黄色蝴蝶，可是黄色的蝴蝶飞到黄色的菜花丛中，孩子们再也分不清、找不到它们了。

寥寥几语，诗人就勾画出一幅充满童真稚趣的美丽图画，将儿童的天真活泼、好奇好胜的神态和心理刻画得惟妙惟肖，跃然纸上。结尾处的"无处寻"三字给读者留下想象回味的余地，仿佛我们面前浮现出一个面对一片金黄菜花搔首踟蹰、不知所措的儿童。正是天真烂漫的童真稚趣为诗人的苦闷情绪带去了一丝欢乐。

也许我们已经忘了儿时的梦想，也许我们已经失去了儿时的纯真，但成长路上，我们始终需要一颗童心来给我们带来欢乐。在生活的每一天里，我们都应重拾童趣与童真。

宠辱得失皆淡定

走出阴影，沐浴在明媚的阳光中，不管过去的一切多么痛苦，多么顽固，都要把它们抛到九霄云外。不要让担忧、恐惧、焦虑和遗憾消耗你的精力，要主宰自己，做自己的主人，从从容容才是真。

人生有很多事情在我们意料之外。当你正春风得意的时候会突然发生让你痛不欲生的事情；当你正想着努力挣钱的时候，意外之财从天而降，这些都会让你不知所措。或者大悲，或者大喜，人往往很难做到从容地面对意外，所以各种烦恼便接踵而至。

　　下雨了，大家都匆匆忙忙往前跑，唯有一人不急不慢，在雨中踱步。旁边跑过的人十分不解："你怎么还不快跑？"

　　此人缓缓答道："急什么，前面不也在下雨吗？"

　　从另一个角度看，当人们在风雨之中匆忙奔跑之时，那个淡然安定欣赏雨景的人，其实更懂得从容的生活智慧。从容淡定是一种难以达到的大境界。当别人都在杞人忧天、慌不择路时，只有达到此种境界的人，才能稳住阵脚，不慌不乱。

　　有人在遇到事的时候很难保持从容镇定，过于大喜或者大悲，得意的时候忘形，失意的时候过于自卑或悲伤。一个人一旦发了财，有了地位，有了阅历，或者有了学问，自然容易得意忘形。还有许多人是失意忘形，这种人可以在富贵权高的时候，注意修养，自视高贵，一旦失去这些身外之物，就完全像变了个人似的，全然抛弃了之前的修养。

　　所以，得意忘形与失意忘形，同样都是应当避免的。一切事情，物来则应，过去不留。辜鸿铭曾说，一个人如果能受得了寂寞与平淡，才是真正的修养到家，得意不忘形，失意更不忘形。

苦瓜自苦，我心自甜

　　有一群弟子要出去朝圣。师父拿出一只苦瓜，对弟子们说：

"随身带着这只苦瓜，记得把它浸泡在每一条你们经过的圣河中，并且把它带进你们所朝拜的圣殿，放在圣桌上供养，并朝拜它。"

　　弟子朝圣走过许多圣河圣殿，并依照师父的教言去做。回来以后，他们把苦瓜交给师父，师父叫他们把苦瓜煮熟，当作晚餐。晚餐的时候，师父吃了一口，说："奇怪呀！泡过这么多圣水，进过这么多圣殿，这苦瓜竟然没有变甜。"弟子们听了，立刻开悟了。

　　苦瓜的本质是苦的，不会因圣水圣殿而改变，但是我们的心却不能像苦瓜之苦一样。如果现实和渴望之间无法逾越的沟壑是苦的，那么百倍的努力也无法填平。生活中很多事情就像苦瓜一样，我们无法改变，倘若因此而纠结在心、抑郁难解，岂不是要承受更大的痛苦？

　　诸神惩罚西西弗斯推石头，推到山上的石头总会再次滚落；玉皇大帝让吴刚砍桂树，桂树砍倒了又会马上长起来。即便如此又如何？欣赏石头滚落、桂树重生的壮景，苦也快乐，累也快乐。只有学会苦中作乐，才能收获心之甘甜。

第二章 ▷

静能观己，乱则生昏

认识自己才能把握人生

尼采曾说："聪明的人只要能认识自己，便什么也不会失去。"这里尼采强调了"自知"的重要性。人们常说："世界上最难认清的就是自己。""知人者，智；自知者，明。"这是中国春秋时思想家、道家创始人老子对我们的忠告。

做人最可贵的是要有自知之明。"聪明人"很多，他们习惯揣摩别人的心理，于是对别人了如指掌，而对自己反倒是不甚清楚。因而说知人易，知己难，"不识庐山真面目，只缘身在此山中"。如果对自己能多一分了解，就会对生命多一分正确的认识。

法国思想家、散文作家蒙田在《论自命不凡》的随笔中写道：对荣誉的另一种追求，是我们对自己的长处评价过高。这是我们对自己怀有的本能的爱，这种爱使我们把自己看得和我们的实际情况完全不同。

有一位老师，常常教导他的学生说："人贵有自知之明，做人就要做一个自知的人。唯有自知，方能知人。"有个学生在课堂上提问道："请问老师，您是否知道您自己呢？"

"是呀，我是否知道我自己呢？"老师想，"嗯，我回去后一定要好好观察、思考、了解一下我自己的个性，我自己的心灵。"

回到家里，老师拿来一面镜子，仔细观察自己的容貌、表情，然后再来分析自己的个性。首先，他看到了自己亮闪闪的秃顶。"嗯，不错！莎士比亚就有个亮闪闪的秃顶。"他想。

他看到了自己的鹰钩鼻。"嗯，英国大侦探福尔摩斯——世界级的聪明大师就有一个漂亮的鹰钩鼻。"他想。他看到自己的大长脸。"嗨！林肯总统就有一张大长脸。"他想。

他发现自己个子矮小。"哈哈！拿破仑个子矮小，我也同样矮小。"他想。于是，他终于有了"自知"之明。第二天，他对他的学生说："古今中外名人、伟人、聪明人的特点集于我一身，我是一个不同于一般的人，我将前途无量。"

这当然是一个幽默故事，然而生活中这样的人也不少。认识自己，并不是一件简单的事，它要求我们必须从性格、爱好等各方面全面分析自己。只有正确地认识自己，才能保持本色，找到适合自己的位置。认识自己，并且按自己的兴趣去办事，你才能具有无穷魅力。

有这样一个青年，他从小家境富有，接受了良好的教育，在各方面都有潜能，成绩也不错，几乎可以称得上是一个全面发展的人。可是，他却对自己的成功之路一筹莫展。他喜欢运动，却没有吃苦锻炼的勇气和毅力，因此当不了运动员；他发表过不少作品，可他根本静不下心写出一部有分量的著作，成为一名真正的作家。他的兴趣变化不断，似乎很多领域都有涉猎，却没有专长，他根本不知道自己最适合做什么，也不清楚自己准备成为什么样的人。其实，他的内心也非常矛盾，他是想选择符合自己的发展方向，同时也想尽可能地尝试更多更好的东西。

我们很多人也许都面临这样的问题：对自己的认识不够，工作了好几年，却发现自己根本就不适合该行业。一个人的成功过程就是一个不断自我认识的过程，一个人的自我认识是伴随着年龄的增长和阅历的丰富而完成的。虽然自我认识不是一件容易的事，但我们完全有能力正确地认识自我。只有正确地认识了自我，才可以做出正确的决断和选择，才能把握机会，成就人生。

有很多人认为，认识自我就是认识自己的缺点。于是，有很多人在机会到来的时候没有采取任何行动，他们说："我的能力恐怕不足，何必自找麻烦！"

认识自己的缺点是好的，可以谋求改进。但如果仅认识自己的消极面，就会陷入自我怀疑，认为自己没有什么价值。因此要正确、全面地认识自己，首先就不能看轻自己。

你知道自己的优点吗？所谓的优点是任何你能运用的才干、能力、技艺与人格特质，这些优点是你能有贡献、能继续成长的要素。我们总觉得说自己的优点会显得太不谦虚。其实，否定自己的优点既不符合人性，也不诚实。肯定自己的优点并不是吹牛，相反，这才是诚实的表现。因此，正确认识自己，既要认识自己的缺点，也要肯定自己的优点。

认识自己方能更好地认识人生，驾驭人生，做自己人生的主人。与其花费心思去揣摩别人的喜好，不如好好认识自我。一个了解自己的人才能更好地经营自己的人生。

你给自己的定位决定你的人生

富兰克林曾经说："宝贝放错了地方便是废物。人生的诀窍就是找准人生定位，定位准确能发挥你的特长。经营自己的长处能使你的人生增值，而经营自己的短处会使你的人生贬值。"如果你还没有给自己准确定位的话，那么你应该坐下来分析自己，寻找真正适合自己的位置。这样你才能得心应手，在人生的舞台上游刃有余。

1929年，乔·吉拉德出生在美国一个贫民家庭。他从懂事起就开始擦皮鞋、做报童，然后又做过洗碗工、送货员、电炉装配工和住宅建筑承包商，等等。35岁以前，他只能算是一个失败者，朋友都弃他而去，他还欠了一身的外债，连妻子、孩子的生活都成了问题，同时他还患有严重的语言缺陷——口吃，换了40多份工作仍然一事无成。为了养家糊口，他开始卖汽车，步入推销员的行列。

刚刚接触推销时，他反复对自己说："你认为自己行，就一定行。"他相信自己一定能做得到，以极大的专注和热情投入推销工作中，不管是在街上还是在商店里，只要一碰到人，他就把名片递过去，抓住一切机会推销他的产品，同时也推销他自己。三年以后，他成为全世界最伟大的销售员。谁能想到，这样一个不被人看好，而且还背了一身债务、几乎走投无路的人，竟然能够在短短的三年内被写进吉尼斯世界纪录，成为"世界上最伟大的推销员"。他至今还保持着销售昂贵产品的空前纪录——平均每天卖6辆汽车！他一直被欧美商界称为"能向任何人推销出任何商品"的传奇人物。

乔·吉拉德做过很多种工作，屡遭失败。最后，他把自己定位在做一名销售员上，他认为自己更适合、更胜任做这项工作。事实上也的确如此，有了这个正确的定位，他最终摆脱了失败的命运，步入了成功者的行列。

你给自己的定位是什么，你就可能成为什么，定位能改变人生。你可以长时间卖力工作，创意十足，屡有洞见，甚至好运连连。可是，如果你无法在创造过程中给自己准确定位，找不到方向，一切都会徒劳无功。此外，定位的高低将决定你人生的格局。

一个乞丐站在一条繁华的大街上卖钥匙链，一名商人路过，向乞丐面前的杯子里投入几枚硬币，匆匆离去。过了一会儿，商人回来取钥匙链，对乞丐说："对不起，我忘了拿钥匙链，你我毕竟都是商人。"

一晃几年过去了，这位商人参加一次高级酒会，遇见了一位衣冠楚楚的老板向他敬酒致谢，说："我就是当初卖钥匙链的那个乞丐。"这位老板告诉商人，自己生活的改变，得益于商人的那句话。

在商人把乞丐看成商人的那一天，乞丐猛然意识到，自己不只是一个乞丐，更重要的是，还是一个商人。于是，他的生活目标发生了很大转变，他开始倒卖一些在市场上受欢迎的小商品，在积累了一些资金后，他买下一家杂货店。由于他善于经营，现在已经是一家超级市场的老板，并且开始考虑开几家连锁店。

这个故事告诉我们：你定位于乞丐，你就是乞丐；你定位于商人，你就是商人，不同的定位成就不同的人生。如果定位不正确，你的人生就会像大海里的轮船失去方向一样迷茫，而准确的人生定位，不但能帮助你找到合适的道路，还能缩短你与成功的距离。定位的高低同样重要，一个高的定位，就像一股强烈的助推力，能帮助你节节攀升，开创更大的人生格局。

不高估，不自轻

现代的年轻人，大都受过良好的教育，有很强的能力。很多年轻人步入工作后对老同事的指点不屑一顾，被人称为"自命不凡"的伪君子，这是年轻人要规避的一个问题。虚心接受别人意见和建议的人，能在工作中成长得更快。还有一些人过于谦虚，看不到自己的优势，这个时候就需要像"王婆卖瓜"那样自我激励。

提起王婆卖瓜，很多人以为王婆是一位姓王的婆婆。其实，王婆是个男的，因为他说话啰唆，做事婆婆妈妈的，所以人们就送了他个外号"王婆"。王婆的老家在西夏，以种瓜为生。在当时，宋朝边境经常发生战乱，王婆为了避难，就迁到了开封的乡下，培育哈密瓜。中原人不认识这种瓜，尽管哈密瓜比普通的西瓜甜上十倍，也没有人买。王婆很着急，向来往的行人一个劲儿地夸自己的瓜怎么好吃，并且把瓜剖开让大家尝。起初没有人敢吃，后来有个胆大的人上来咬了一口，只觉得这瓜如蜜一样甜，于是，一传十，十传百，王婆的瓜摊生意兴隆，人来人往。

一天，神宗皇帝出宫巡视，一时兴起来到集市上，只见那边挤满了人，便问左右："何事如此热闹？"左右回禀道："启奏皇上，是个卖哈密瓜的引来众人买瓜。"皇上心想："什么瓜这么招人啊？"于是，便走上前去观看，只见王婆正在连说带比画地夸自己的瓜好。见了皇上，他也不慌，还让皇上尝了尝他的哈密瓜。皇上一尝果然甘美无比，连连称赞，便问他："你这瓜既然这么好，为什么还要吆喝个不停呢？"王婆说："这瓜是西夏品种，中原人不识，不叫就没人买。"皇上听了感慨道："做买卖还是当夸则夸，像王婆卖瓜，自卖自夸，有何不好呢？"皇帝的金口一开，不多时，这句话就传遍了大江南北，直至今日。

瓜不甜，再喊也没用，若是瓜的味道极美，自夸又何妨呢？年轻人总是将自己的优点弃之如履，那么自己的"瓜"何年何月才能找到"伯乐"呢？人生短暂如白驹过隙，转瞬即逝，如果一直妄自菲薄，不就等于将崛起的希望埋没了吗？在这弹指即逝的时

光里，我们真要毫无意义地离去吗？曾有人说："越是没有本领的
人就越加自命不凡。""自命不凡"是没有本事的人常干的事情，我
们要摒弃。不过诸葛亮也说过，人"不宜妄自菲薄"，将自己的优
点遮掩起来，这同样也是我们急需拆除的樊篱。

人生最重要的就是认识自己

在漫漫人生道路上，我们总是忙于追求各种利益来满足物质
上的种种欲望，忙着左顾右盼地评判别人，却忘了应该先审视自
身、认识自己。许多人或许从不曾真正面对过"自己"，不曾认真
地审视过那个真实的"我"。

当我问起你是谁的时候，你一定会毫不犹豫地说出你的名
字，如果我说那不过是你的名字，而真正的你是什么呢？你可能
还会回答出你的思想、你的地位、你的能力、你的财产、你的观
念……试图以此来描述出你自己。但是你可曾想过，我们所认为
的"我"和真正的"自我"是否有差别呢？

有一天，一位禅师为了启发他的弟子，给了他一块石头，让
他去蔬菜市场，并且试着卖掉这块很大、很好看的石头。但师父
紧接着说："不要卖掉它，只是试着去卖。注意观察，多问一些
人，回来后只要告诉我在蔬菜市场它最多能卖多少钱。"于是这位
弟子去了。在菜市场，许多人看着石头想：它可以做很好的小摆
件，我们的孩子可以玩，或者可以把它当作称菜用的秤砣。于是

他们出了价，但只不过是几个小硬币。徒弟回来后对老禅师说："这块石头最多只能卖得几个硬币。"师父说："现在你去黄金市场，问问那儿的人。但是不要卖掉它，只问问价。"从黄金市场回来后，这个弟子很高兴地说："这些人简直太棒了，他们乐意出到1000元。"师父说："现在你去珠宝商那儿，问问那儿的人。但不要卖掉它，同样只是问问价。"于是徒弟去了珠宝商那儿，他们竟然愿意出5万元来买这块石头。徒弟听从师父的指示，表示不愿意卖掉石头，想不到那些商人竟继续抬高价格——出到10万元，但徒弟依旧坚持不卖。珠宝商们说："我们出20万元、30万元，只要你肯卖，你要多少我们就给你多少！"徒弟觉得这些商人简直疯了，竟然愿意花这么一大笔钱买一块毫不起眼的石头。徒弟回到寺里，师父拿着石头对他说："现在你应该明白，我让你这样做，是想要培养和锻炼你充分认识自我价值的能力和对事物的理解力。如果你是生活在蔬菜市场里的人，那么你可能只有对那个市场的理解力。又或者你自己就是这块被人们不断改写价码的石头，究竟值多少钱呢？"

我们可以反问自己，是生活在蔬菜市场、黄金市场，抑或珠宝市场呢？在同样的一个物质世界里，我们自身的价值标准应该怎么来衡量呢？这需要我们不断地认识自己、探究真实的自己，这样才能更全面更准确地把握我们成长的轨迹。

古希腊德尔菲的女祭司说"认识自己"时，她并非只对希腊人说，她也对全人类点出了认识自己的重要性。认识自己之于个人生存，就如同食物、衣服、遮风避雨处之于肉体生存。

西塞罗说过，"认识自己"的格言不仅旨在防止人类过度骄傲，也在于使我们了解自己的价值所在。了解了自我价值，有助于进一步走向成功。

一个人的成功并不是一蹴而就的，会面临很多意想不到的波折。有的时候，路走不通，问题并不在别人或者事情本身，可能恰恰在我们自己身上。我们习惯了目光向外，习惯了先看别人再看自己，而我们现在需要具备的恰恰是一种反向思维，反观自己，认识真实的自己，这样才能看到问题的核心。也可以说，认识自己，是通往成功的第一步。越接近自己的内心，也就接近成功了。

自省如明镜照身，时省时新

"朕每闲居静坐，则自内省，恒恐上不称天心，下为百姓所怨。"从《贞观政要》中所记载的唐太宗的这句话里，可以看出，唐太宗所具有的优势品质之一，就是善于自省。

每个人都生活在内外两个世界中，都具有向外发现和向内发现的两种能力。向外是一个无比辽阔、精彩绝伦的世界，向内则是一个无比深邃、亟待挖掘的内心。观察外部世界需要一双明亮的眼睛，探究内心则需要清醒的头脑和善于反省的意识。

然而，有一种人的眼睛只看到别人的缺点，却看不到自己的缺点；嘴巴只讲别人的过失，却从不检讨自己。星云大师说，这一类人不仅不肯反省，甚至会刻意覆藏自己的过失，又何谈知错能改呢？

自省像一面莹澈而光亮的镜子，可以照见一个人心灵上的污浊。所以，一个明智的人，自然懂得"吾日三省吾身"的重要性。

反省可以使人知己短，可使人保持清醒，可使人弥补短处，可使人纠正过失。"金无足赤，人无完人"，自我反省是极为重要的。真正懂得反省的人，经过时光的涤荡，便能冲洗掉俗世中纷纷扰扰的尘埃，给自己一个美好单纯的人生。

现在很多人常常自作聪明地遮蔽自己的错误，不仅不肯认错，还会为自己所犯的错误寻找各种各样的借口。他自作聪明地认为这些借口似乎能够堵住他人的责备，殊不知这只会让自己变得更加可笑。

一个善于反省的人往往能及时发现自己的错误，也明白认错是最明智的做法，而不是想方设法找理由为自己辩护。借口不过是一个人做错事的挡箭牌，是敷衍别人、原谅自己的护身符，是掩饰弱点、逃避责任的百验灵丹。而这些，只会让一个人越来越糊涂，从而将所有的缺点自我屏蔽，以至于不知不觉间在泥潭中越陷越深。

我们每个人都有缺点，这是难以避免的。但是如果有了缺点而不肯承认，不能改正，那又怎能进步呢？

所以，一个明智的人，应该把自省当作观照自身的镜子，衣冠不整时要在镜子前整理仪容，愁眉紧锁时要在镜子前调整心情。接受别人的指正，改正自己的过失，便能够如无瑕的白璧一般，获得高洁的人格。在我们自以为是、为自己寻遍理由时，自省就像一道清泉，将思想里的浅薄、浮躁、消沉、阴险、自满、狂傲等污垢涤荡干净，重现清新、昂扬、雄浑和高雅的旋律，让生命重放异彩、生气勃勃。

参透迷雾，留一只眼睛看自己

很多时候我们求"知"总是外指的，希望自己能够了解外部世界，却往往忽视了对自己内心的探求。其实我们首先要做的是认识自己。只有认识了自己，我们才能更加了解外部的世界。

禅院里来了一个小和尚，年纪轻轻，但是人很聪明勤快，他希望能够尽快有所觉悟，于是常常去找智闲禅师，诚恳地向禅师请教："师父，我刚来到禅院，不知道应该做些什么才能更快地有所悟，请师父指点一二。"智闲禅师看到他诚恳的表情，微笑着说："既然你刚刚来这里，一定还不熟悉禅院里的师父和师兄们，你先去认识一下他们吧。"小和尚听从了禅师的指教，接下来的几日里除了日常的劳作以及参禅，都积极地去结识其他的僧人们。

几天之后他又找到智闲禅师，说："师父，禅院里的其他禅师和师兄们我都已经认识过了，接下来呢？"智闲禅师看了他一眼，说："后院菜园里的了元师兄你见过了吗？"小和尚默默地低下了头。智闲禅师说："还是有遗漏啊，再去认识和了解吧！"又过了几天，小和尚再次来见智闲禅师，充满信心地说："师父，这次我终于把禅院里的所有人都认识了，请您教我一些其他的事情吧！"

智闲禅师走到小和尚身边，气定神闲地说："还有一个人你没有认识，而且这个人对你来说，特别重要！"小和尚带有疑惑地走出智闲禅师的禅房，一个人一个人地去询问，一间房一间房地去找那个对自己很重要的人，可是始终没有找到。甚至在深夜里，他也一个人躺在床上思考：到底这个人是谁呢？过了很久，小和尚始终找不到对自己来说特别重要的那个人，但是也不敢再去问禅师。打坐完后的一天下午，他正准备烧水做饭，挑水的时候在井水里看见了自己的身影，他顿时明白了智闲禅师让他寻找的那个人，原来就是他自己！

有个人，离自己很近也很远，很亲也很疏，很容易想起也很容易忘记，这个人就是我们自己。其实我们很多人都像这个小和尚一样，好奇地打量着外面的世界，积极地探索着这个世界中的未知，但是却忽视了自己。连自己都没有真正认识的人如何去了解这个世界呢？只有完全认识了自己，才能更好地去接触世界。

在寻找自我的过程中，要先认识到自己的缺点。圣严法师曾经以照镜子为例来说明这个道理：一般人对自己的缺点，大都采取隐瞒、掩盖的方式。这种人，往往是一脸的灰尘、油垢，但不愿自我反省和检查。他也许曾照过镜子，但看到又脏又丑的自己，就没有勇气再面对镜子。这种人拒绝看清自己的缺点，往往是自我膨胀的。就像火鸡看到外敌时，颈部和身上的毛就竖直膨胀，借以夸大实力，但大家都清楚，那是假象。我们应当随时保持自省，不断地从自我反思中深入地认识自己。

轻如尘埃，也不必妄自菲薄

"一扇小小的窗户，可以射进阳光；一颗小小的星星，可以点缀夜空；一支小小的花朵，可以满室芬芳；一件小小的善行，可以扭转命运；一点小小的微笑，可以传达情意；一句小小的慰言，可以安慰苦难。"所以，小不可轻。

即使只是阳光下一粒小小的尘埃，也能够拥有最美丽的飞翔姿态，应该让每一次的飞翔，都在蓝天白云的映衬下释放出幸福的味道。小的事物并不一定是无用的，星星之火可以燎原，便是这个道理。因此，假如你是一个小人物，请不要自怨自艾，更不要感叹自己的渺小和不为人知，因为你有你的力量。

你见过在阳光下飞扬的尘埃吗？

你见过屋檐上滴滴答答落下的水珠吗？

你见过在地上爬来爬去的蝼蚁吗？

与这茫茫宇宙相比，它们太过微小，甚至可以忽略不计，但是，它们却往往能够创造奇迹。

尘埃汇聚，可成千年古堡；水滴虽小，足以穿石；蝼蚁卑微，却能溃堤。

这样的生命，难道不值得我们仰视？这样的生命，难道不该有一份属于自己的自信与自尊？

　　有个人为南阳慧忠国师做了二十年侍者，慧忠国师看他一直任劳任怨、忠心耿耿，所以想要对他有所报答，帮助他早日开悟。

　　有一天，慧忠国师像往常一样喊道："侍者！"

　　侍者听到国师叫他，以为慧忠国师有什么事要他帮忙，于是立刻回答道："国师！要我做什么事吗？"

　　国师听到他这样的回答，感到无可奈何，说道："没什么要你做的！"

　　过了一会儿，国师又喊道："侍者！"侍者又是和第一次一样的回答。

　　国师又回答他道："没什么事要你做！"这样反复了几次以后，国师喊道："佛祖！佛祖！"

　　侍者听到慧忠国师这样喊，感到非常不解，于是问道："国师！您在叫谁呀？"

　　国师看他愚笨，万般无奈地启示他道："我叫的就是你呀！"

　　侍者仍然不明白地说道："国师，我不是佛祖，而是您的侍者呀！你糊涂了吗？"

　　国师看他如此不可教化，便说道："不是我不想提拔你，实在是你太辜负我了呀！"

　　侍者回答道："国师！不管到什么时候，我永远都不会辜负您，我永远是您最忠实的侍者，任何时候都不会改变！"

　　国师的目光暗了下去。为什么有的人只会应声、被动，进退都跟着别人走，不会想到自己的存在？难道他不能感觉自己的心魂，接触自己真正的生命吗？

国师道："还说不辜负我，事实上你已经辜负我了，我的良苦用心你完全不明白。你只承认自己是侍者，而不承认自己是佛祖。实在是太遗憾了！"

慧忠国师一片苦心，他的侍者却不明白，真是可惜。他能够二十年如一日虔诚侍奉自己尊重的禅师，却从没有正确审视过自己的价值。

做人，认识世界是必要的，而认识自己则更为重要。这就好比三兽渡河，足有深浅，但水无深浅；三鸟飞空，迹有远近，但空无远近。因此，任何人都不要把神仙看得太虚幻高远，更不必妄自菲薄。

不让别人的态度影响自己

你是否是一个有主心骨的人？你在做事时是按照自己的想法做决定，还是听从别人的话摇摆不定？你会不会因为有人说你新买的裙子太花哨而闷闷不乐一整天？你会不会因为别人说你不行就不再去努力？……很多时候，我们在通向成功的奋斗之路上常常被一些人和事所干扰，失去了真实的自我，在歧路上越走越远，找不到回头的路。

白云守端禅师有一次和他的师父杨岐方会禅师对坐，杨岐问："听说你从前的师父茶陵郁和尚大悟时说了一首偈，你还记得吗？"

"记得，记得。"白云答道，"那首偈是：'我有明珠一颗，久被尘劳关锁，一朝尘尽光生，照破山河万朵。'"语气中免不了有几分得意。

杨岐一听，大笑数声，一言不发地走了。

白云怔住了，不知道师父为什么笑，心里很烦，整天都在思索师父的笑，怎么也找不出师父大笑的原因。

那天晚上，他辗转反侧，怎么也睡不着，第二天实在忍不住了，大清早就去问师父为什么笑。杨岐笑得更开心，对着因失眠而眼眶发黑的弟子说："原来你还比不上一个小丑，小丑不怕人笑，你却怕人笑。"白云听了，豁然开朗。

很多时候我们就是陷入别人的评论之中而迷失了真实的自己。别人的语气、眼神、手势等都可能搅扰我们的心，使我们丧失往前迈进的勇气，甚至让我们成天沉迷在愁烦中不得解脱，在前进的道路上迷失自我。

事实上，别人怎么说、怎么做，那是别人的事情，是别人的生活态度，而你怎么想、怎么说、怎么做，才是你的生活态度。不要因为别人的一句本非善意的话而受到伤害，不要因为别人做的一些无关紧要的事情而否定自己。

但丁说："走自己的路，让别人去说吧！"我们都有自己的生活方式、自己做人的原则，太在意别人的看法、盲从他人，便会丧失主见、失去自我，这样的人生，还有什么意义呢？我们不能人云亦云。

上帝曾把1、2、3、4、5、6、7、8、9、0十个数字摆出来,让面前的十个人去取,说道:"一人只能取一个。"

人们争先恐后地拥上去,把9、8、7、6、5、4、3都抢走了。

取到2和1的人,都说自己运气不好,得到很少很少。

可是,有一个人却心甘情愿地取走了0。

有人说他傻:"拿个0有什么用?"

有人笑他痴:"0是什么也没有呀,要它干啥?"

这个人说:"从零开始嘛!"便埋头不言,孜孜不倦地干起来。

他获得1,有0便成为10;他获得5,有0便成了50。

他一心一意地干着,一步一步地向前。

他把0加在他获得的数字后面,便十倍十倍地增加。最终,他获得了成功。

你的生活是你自己的,不是别人的。在这个世界里,每个人都是一道彩虹,是一道别人永远无法再次演绎的彩虹。这个世界多姿多彩,每个人都有属于自己的位置,有自己的生活方式。挣脱别人对我们的束缚,不要被别人的言论所左右,找到属于你自己的天空,你才能活得更洒脱,才能在充满希望的人生道路上走得更踏实。

第三章

心静体凉，心悟生忍

"忍"是家庭和睦的秘诀

季羡林说过：互相恩爱，互相诚恳，互相理解，互相容忍，出以真情，不杂私心，家庭和睦，其乐无限。

温馨的家庭氛围并不是能轻易得到的。季老从自己的人生经验出发，得出和谐持家的两字箴言，即真与忍。"真者，真情也。忍者，容忍也。"真是所有美德的基础，而忍则是彼此迁就的良方。

季老非常重视容忍在家庭生活中的作用。"每个人的脾气不一样，爱好不一样，习惯不一样，信念不一样，而且人是活人，喜怒无常，时有突变的情况，情绪也有不稳定的时候"，此时容忍就非常重要。"小不忍则乱家庭"，所以他提倡当出现家庭矛盾时要学会容忍，如果一方发点脾气，稍稍谦让，风暴便可平息，随后诚恳陈词，忍一时不快，矛盾很可能就此解决，每个人的生活就会幸福而温馨。

下面这个故事也体现了"忍"在家庭中的重要作用。

李太太精心准备了满满一桌饭菜，全都是李先生爱吃的。然而，李先生早忘了今天是他们结婚五周年的纪念日，在外迟迟不归。

终于，李太太听到了钥匙的开门声，这时愤怒的李太太真想跳起来把李先生推出去。李先生的全部兴奋点都在今晚的足球赛上，那精彩的临门一脚仿佛是他射进的一般。李太太真想在李先生眉飞色舞的脸上打一拳。

然而一个声音告诫她："别这样，亲爱的，再忍耐两分钟。"

两分钟以后的李太太，怒气消减了许多："丈夫本来就是那种粗心大意的男人，何况这场球赛又是他盼望已久的。"她安慰自己。而后起身又把饭菜重新热了一遍，并斟上两杯红葡萄酒。

兴奋依然的李先生惊喜地望着丰盛的饭桌："亲爱的，这是为什么？"

"因为今天是我们的结婚纪念日。"

惊了片刻的李先生抱住李太太："宝贝，真对不起，今晚我不该去看球。"

李太太笑了，她暗自庆幸几分钟前自己压住了火气，没有大发雷霆。

常言道："忍一忍平安无事，退一步海阔天空。"善忍则息事宁人，则家和，家和则万事兴。

忍让的出发点就是为了大局，维护家庭和睦。忍意味着善解人意、通情达理。由此可见，擅于忍让是一种优秀的美德，是一种贤良的品质，是一种美好的世界观，是智慧和善良的结晶。

百川入海，宽心制怒成大器

人怀七情，"怒"为其一。生活在纷纭繁杂的现实社会中，难免会遇到人际纠纷，难免会引发怒气。但正如英国思想家培根告诫的："怒气必须在程度和时间两方面都受限制。"

就是说，一要制怒于将起，控制在微怒、愠怒程度，不让它发展为暴怒、狂怒；二要忘怒于瞬间，怒气不超过3分钟，不要耿耿于怀。林则徐历经艰难世事，承受内外风险，却能在衙门大堂上悬挂自书横幅"制怒"，一生循此立身行事，名垂千秋，可为楷模。

怒的来源不外乎两个不满，要么对自己的事情不满，要么对他人及其事情不满。一般人都爱说"是可忍，孰不可忍"，对自己的事情发火是躁动，对别人的事情发火是冲动。喜怒无常是不成熟的表现，宠辱不惊理应为成年人的本色。但凡从愤怒开始，往往以耻辱结束。

明神宗时，曾官至户部尚书的李三才可以说是一位好官，他曾经极力主张废除天下矿税，减轻民众负担；而且他疾恶如仇，不愿与那些贪官同流合污，甚至不愿与那些人为伍，但是他在"忍"上的造诣却太差。

有一次上朝，他居然对神宗说："皇上爱财，也该让老百姓得到温饱。皇上为了私利而盘剥百姓，有害国家之本，这样做是不行的。"李三才毫不掩饰自己的愤怒,说话不客气的行为也激怒了神宗,因此他被罢了官。

后来李三才东山再起,有许多朋友都担心他的处境,于是劝他说:"你疾恶如仇,恨不得把奸人铲除,但也不能把喜怒挂在脸上,让人一看便知啊。和小人对抗不能只凭愤怒,你应该巧妙行事。"李三才则不以为然,反而认为那样做是可耻的,他说:"我就是这样,和小人没有必要和和气气的。小人都是欺软怕硬的家伙,要让他们知道我的厉害。"可没过多久,李三才又被罢了官。

回到老家后,李三才的麻烦还是不断。朝中奸臣担心他被重新起用,于是继续攻击他,想把他彻底打垮。御史刘光复诬陷他盗窃皇木,营建私宅,还一口咬定李三才勾结朝官,任用私人,应该严加治罪。李三才愤怒异常,不停地写奏书为自己辩护,揭露奸臣们的阴谋。

渐渐地,他对皇上也有了怨气,并且毫不掩饰自己愤怒的情绪,他对皇上说:"我这个人是忠是奸,皇上应该知道的,皇上不能只听谗言。如果是这样,皇上就对我有失公平了,而得意的是奸贼。"

最后,神宗再也受不了他了,便下旨夺去了先前给他的一切封赏,并严词责问他,于是李三才彻底失败了。

愤怒是危害人类身心健康的大敌,是摧毁人们情感的炸弹,是破坏愉快心境的杀手,是人生美好乐章中的不和谐音符。高位不如高薪,高薪不如高寿,高寿不如高兴,人活着就是活一种精神、活一个心情、活一个幸福，这是最朴素的道理。忍一时风平浪静，让三分海阔天空，遇事平心静气，自觉维护心理健康才是硬道理。

所以要谨记：制"怒"是身心健康的基石，是维护人际关系的润滑剂，是工作顺达的阶梯，是事业成功的保障。

学会自制，平和地面对世界

人有各种情感，但"愤怒"往往会以更激烈、更具有破坏性的方式表现出来。

孙刚今年18岁，他的父母性格暴躁，常打骂孩子，有时又过分袒护和溺爱。

孙刚出生后发育良好、好动，学习成绩中上，但在课堂上不注意听讲，不停地做小动作或睡觉，初中第二学期几门功课全部不及格。他不参加考试、不服从老师管教，一个月后不再上学，经校方同意孙刚辍学。

孙刚平时性格暴躁、喜欢结交调皮学生，后被招为集体工，工作责任心差，多次因违法行为受到拘留或劳教。

火气大、爱发脾气，实际上是一种敌意和愤怒的心态。当人们的主观愿望与客观现实相悖时就会产生这种消极的情绪反应。心理学研究表明：脾气暴躁、经常发火，不仅会增大诱发心脏病的概率，而且会增加患其他病的可能性。

俗话说："怒从心头起，恶向胆边生。"暴躁是一种特殊情况下痛苦和压抑毫无理性的释放。暴躁的人容易让健康过早地逝去，而且经常表现出精神恍惚、无精打采的状态。

我们可以通过自制的方法平静情绪，保持清醒和自主，这才是成熟的心灵管理方法。自制并不等同于压抑，前者是省觉后的行动，后者是迷失的反应。所谓懂得自制，就是学习一套适合自己的情绪处理方法，一旦察觉被情绪袭击时，马上自我保护，提醒自己它只不过是借软弱打倒理性的纯粹思维惯性而已，找适当的方法打散负面情绪的集中点，如运动、静心、瑜伽、看电影、做义工、搞创作、找知己倾诉、做个 SPA、扮扮靓等，把正面能量全都释放出来。帮助自己是需要决心和毅力的，并且必须是独自一人走完的路，这也是成长的责任。自疗永远是最实用的自保方法，谁都不应依赖外物。

察觉自己的不足

世界上没有一个永远被毁谤的人，也没有一个永远被赞叹的人，人应当正确认识自己。认识自己，先要承认不足，正视自己的缺点，有惭愧心，这样才能真正地认识自己，并不断修正、提高自己。

认识自己先要学会纳谏，能够听进去别人的规劝。认识自己先要放下自己，放下虚荣、放下架子，认真听取别人的意见，因为我们是当局者迷，别人可能会旁观者清。

有这样一个故事：

一位英文专业毕业的大学生认为自己的英语很流利，就寄了多份英文简历到很多外企应聘。不久他就收到了很多回信，但结果不尽如人意，许多公司说现在不需要他这样的人才。其中一家公司给他的回信是这样的："我们公司不缺人。然而，就算我们缺人，我们也不愿意用你这样的人，因为你很自以为是，认为自己的英文水平很高，但从你的来信看，实际并非如此，你的文章不仅写得很差，而且还错误百出。"你可以想象这个大学毕业生在读到这封信的时候是怎样的愤怒。他想，不用就罢了，何必把话说得那么难听呢？他甚至打算写一封狠一点的回信，质问对方公司的态度。

但当他平静下来后，转念想了一想："对方可能说得对，也有可能自己犯了英文写作的错误还不知道。"后来他又写了一封信给那家公司，向对方表示谢意，感谢那家公司纠正自己的错误，还表示会努力改进自己的不足。几天以后，这个年轻的毕业生意外地收到了那家公司的信函，告诉他他被聘用了。

心浮则不安，气躁则不平，心念要是不平静安和，则意志恍惚不能专心致志，这样，自省的功夫便归于无，根本用不上力，怎么能够认识自己呢？

所以，碰到愿意批评我们的人，首先心中要生起感恩之心，感谢人家愿意发自内心帮助我们改过。如果身边有一个人告诫我们，我们要立即放下自己的偏见、成见，认真听取别人的意见，这叫耳聪，耳聪目才能明，世间的聪明是从打开耳朵开始的。打不开耳朵就叫"塞听"，肾开窍于耳，耳窍不通则肾气不足，人生底气就不足。肾为水，水不足，心火就旺盛，心火旺就会燥热难耐，就会经常做出让自己后悔的事情。而且，心火旺时不光会烧着自己，还会烧伤自己身边的人，乃至悖情悖理、悖伦悖德，破坏人际关系，恶性循环到自己身上，就会生闷气，就会更加闭目塞听、一意孤行。

急于现能的人往往不是真的有能，学的东西不是真才实学，而是许多浮华的东西，除了在人前张扬外再无本事。这样的人生怕别人看不起自己，所以心神不宁，说话时紧张地察言观色，每当别人批评自己，就不经思考地反唇相讥，其实这正暴露了自己的缺点。

一个真正有才华的人，能用一颗平静的心看待自己，能时刻察觉到自己的不足，通过不断地自省而趋于完善。

冲动是魔鬼，三思而后行

从心理学的角度来讲，"静"不只代表一种心理状态，同时也意味着人的各种本能和情感冲动的内抑制与理性的自觉，正如梁漱溟先生所说："人心特征要在其能静耳"，"本能活动无不伴有其相应之感情冲动以俱来……然而一切感情冲动皆足为理智之碍。

理智恒必在感情冲动屏除之下——换言之，即必心气宁静——乃得尽其用"。

禅师正在打坐，这时来了一个人。他猛地推开门，又"砰"地关上门。他的心情不好，所以就踢掉鞋子走了进来。

禅师说："等一下！你先不要进来。先去请求门和鞋子的宽恕。"

那人说："你说些什么呀？我听说这些禅宗的人都是疯子，看来这话不假，我原以为那些话是谣言。你的话太荒唐了！我干吗要请求门和鞋子的宽恕啊？这真叫人难堪……"

禅师又说："你出去吧，永远不要回来！你既然能对鞋子发火，为什么不能请它们宽恕你呢？你发火的时候一点也没有想到对鞋子发火是多么愚蠢的行为。如果你能同冲动相联系，为什么不能同爱相联系呢？当你满怀怒火地关上门时，你便与门产生了联系。你的行为是错误的，是不道德的，那扇门并没有对你做什么事。你先出去，否则就不要进来。"禅师的启发像一道闪电，那人顿时领悟了。

于是，他出去了。也许这是他一生中的第一次顿悟，他抚摸着那扇门，泪水夺眶而出，他抑制不住涌出的眼泪。当他向自己的鞋子鞠躬时，他的身心发生了巨大的变化。

禅师的话对他起到了醍醐灌顶的作用。的确，没有平和的心态，一味地冲动是不可取的。只有冷静、理智的人，才能与成功结缘。

　　人的脾气好坏与性格有关，而性格又与德行有关。德行是不可能装出来的，它是要靠自己一点一滴去修习的。

　　脾气暴躁的人一般都比较冲动，在面对事情的时候常仅凭借自己的感性认识去处理，这是非常不好的；俄国作家屠格涅夫曾劝告那些脾气暴躁的人，"最好在发言之前把舌头在嘴里转上几圈"，通过时间缓冲，帮助自己的头脑冷静下来。在快要发脾气时，嘴里默念"镇静，镇静，三思，三思"之类的话。这些方法都有助于控制情绪，增强大脑的理智思维。

　　脾气暴躁的人常常在说话以及为人处世中带有强烈的进攻性，这样不仅给别人不好的印象，还会在别人忍耐你的同时助长了你暴躁的脾气。为了解决这种问题，你可以在家或在课桌上贴上"息怒""制怒"一类的警言，时刻提醒自己要冷静；也可以用一个小本子专门记载每一次发脾气的原因和经过。通过记录和回忆，在思想上进行分析梳理，定会发现有很多脾气发得毫无价值，由此会感到羞愧，以后怒气发作的次数就会减少很多。

　　当我们胸中的怒火爆燃的时候，如果能静下心来，我们的心灵就不会被灼伤，也不会因一时的冲动而留下终生的悔恨……

切忌感情用事，行为要理性

　　很多家庭都只有一个孩子，有的孩子还不在父母身旁而是跟爷爷奶奶或姥姥姥爷一起生活。一些孩子过多地得到家庭成员的娇惯、溺爱和迁就，天长日久，就任性起来。

由于任性，他们在生活和工作中难于与人相处，更谈不上协调或者融洽地配合了；由于任性，也很难与家庭成员和睦相处，发展下去就容易形成思想固执，甚至唯我独尊的性格。

小秋24岁，是独生女，从小就被父母宠着，所以直到成年，她仍然像孩子一样固执任性，动不动就使小性子，哭闹无常，非得母亲又哄又劝才会罢休。

小秋喜欢各种热闹场合，常常在客人面前卖弄小聪明，以博取他人的夸奖，别人越夸奖她就越来劲儿。她总是打扮得花枝招展，每次与别人聊天都急切地谈自己的苦恼，诉说自己多次恋爱不成，心情不快。而她最近一次"失恋"，是因为一次看电影时小伙子迟到了10分钟，她便一甩长发，飘然而去了。

小秋说话时似乎是在念剧本里的台词，又常常添油加醋，不时还要偷看旁人的反应，如果有人面露同情之色，她就越发起劲儿，手舞足蹈，开始的忧郁与不快荡然无存。旁人也逐渐发现，她的叙述只是为了引起别人对她的注意和重视，自己却并没有深刻的情感体验。在她倾诉完心中的埋怨之后，便欣然离去，临走时还坚持和每个人握手，反复说着感激的话。

一个周末，小秋和朋友在一块相聚，她依然是浓妆艳抹、衣着暴露、卖弄风情。小秋继续用夸张的语言叙述她那一次又一次的失恋史，并且常掉出几滴眼泪。突然她希望一位朋友请她吃饭，但朋友因事而委婉拒绝她，她即愤然离席，说朋友不珍视友谊。她的朋友觉得莫名其妙，认为她太过分。

小秋的任性倾向属于比较严重的一类，她已达到稍不如意就恣意妄为的程度。小秋身上还有一种近似戏剧化的表现欲，希望自己每时每刻都是站在舞台中心备受瞩目的，她甚至为了达到这个目的不择手段，人戏不分。

如今的一些年轻人，在家、在学校的"无菌培养皿"中被保护得太好，直到走进社会才发现真正的人生并非像童话般美好。他们被残酷的现实冲击得晕头转向、神形俱疲、几近崩溃，这源于他们一直都恣意地活在自己的独幕剧中，从未认真审视过自己。

所以，年轻人要从自身的环境和条件出发，并结合自身实际特点，为自己量身设计一套处世准则。我们所处的时代是一个生活节奏快、信息丰富且复杂、社会变化发展迅速的时代，是一个充满变数和不确定性的时代，这就给我们的生活带来了巨大挑战，同时也孕育着大量的机遇。我们的生活模式转变为充满选择和创造性的模式。因而我们更需要冷静思考、理性分析、沉着应对，科学合理地安排自己的生活规划，做到理性生活。

诚恳接受批评

在现实生活里，我们很容易发现，许多人在受到批评之后，不是冷静下来想想自己为什么会受批评，而是总想找人发泄心中的怨气。其实这是没有接受批评、没有正确认识自己错误的一种表现。受到批评后心情不好可以理解，但批评之后产生了"踢猫效应"，这不仅于事无补，还容易激发更大的矛盾。

当我们面对批评时，一定要正确地对待，不管自己有没有过错，一定要先诚恳地接受，有则改之，无则加勉。切不可采取错误的态度对待批评，更不能把批评我们的人当成仇人对待。要知道，真正为你好的人会真诚地向你提出批评，并且智者只对值得批评的人提出意见。

春秋战国时期，墨子与他的弟子耕柱之间发生的一件事情说明了这一点。

耕柱本是墨子的得意门生，但总是会因为这样那样的事情受到墨子的责骂。

有一次，墨子又因为某件事情批评了耕柱，耕柱觉得非常委屈。在墨子的众多门生之中，耕柱是公认的最为优秀的门生，然而他却偏偏经常会遭到墨子的批评，这让他感到很没面子，并为此郁闷不已。

这天，耕柱愤愤不平地问墨子说："老师，难道在这么多门生中，我竟是如此差劲吗？为什么您老人家总是会时不时地责骂我呢？"

墨子听了耕柱的话后，反问道："假如我现在要去太行山，依你之见，我应该要用良马来拉车，还是用老牛来拖车呢？"

耕柱回答说："再笨的人也知道应该用良马来拉车。"

墨子又问耕柱说："那么，为什么不用老牛呢？"

耕柱回答说:"理由非常简单,因为良马足以担负重任,值得驱遣。"

墨子说:"你答得一点也没有错。我之所以时常责骂你,也是因为你能够担负重任,值得我一再地教导与匡正啊。"

耕柱听了墨子的这番话后,立刻明白了老师对自己的良苦用心。

做错了事情就应该被人指出,掩饰自己的错误,只能错上加错。当别人批评你时,你绝不应该为自己开脱,而应认真地对待别人的指责,并接受别人的批评。

一个人能接受批评,就能从善如流,少犯错误;如果善听批评,就能做到虚怀若谷,工作、学习、生活中就能少走弯路。若一听到批评的意见就暴跳如雷、刚愎自用、固执己见,早晚要摔跟头。俗话说得好:"当局者迷,旁观者清。"我们应该记住,"良药苦口利于病,忠言逆耳利于行"。批评虽然让我们一时生气,但只要我们能冷静下来思考,就可以看到自己的不足,从而在批评中受益前进。

控制情绪,心中藏一片清凉

《中庸》说:"喜怒哀乐之未发谓之中,发而皆中节谓之和。"人在没有产生喜怒哀乐等这些情感的时候,心中没有受到外物的侵扰,是平和自然的,这样的状态就是"中"。

平和是待人处世的一种态度，也是做人的一种美德。

在处理各类事务的时候，不可避免地要在心理上产生反应，发生各种各样的情绪变化，并且在表情、行动、语言等方面表现出来。如果表现出来的情绪恰到好处，既不过分，也无不足，而且还符合当事人的身份，不违背情理，适时适度、切合场合，这样就达到了"和"的境界。

如果我们用粗暴的言语及行动解决问题，结果往往会事与愿违，甚至会越搞越糟。

有一个富人脾气很暴躁，常常得罪人，事后又懊恼不已，所以一直想将这暴躁的坏脾气改掉。后来他决定好好修行，改变自己，于是花了许多钱，盖了一座庙，并且特地找人在庙门口写上"百忍寺"三个大字。这个人为了显示自己修行的诚心，每天都站在庙门口，一一向前来参拜的香客说明自己改过向善的心意。香客们听了他的说明，都十分钦佩他的用心良苦，也纷纷称赞他改变自己的勇气。

这一天，他一如往常站在庙门口，向香客解释他建造百忍寺的意义时，其中一位年纪大的香客因为不认识字，向这个修行者询问牌匾上到底写了些什么。修行者回答香客，牌匾上写的三个字是"百忍寺"。香客没听清楚，于是又问了一次。这次，修行者有些不耐烦地又回答了一遍。等到香客问第三次时，修行者已经按捺不住，很生气地回答："你是聋人啊，跟你说上面写的是'百忍寺'，你难道听不到吗？"

香客听了，笑着说："你才不过说了三遍就忍受不了了，还建什么'百忍寺'呢？"修行者无言以对。

安禅何须山与水，灭却心头火自凉。修行何必去寺庙，生活才是修炼场。只有在生活中懂得控制自己的情绪，懂得平和地对待他人的人，才能做到百忍而不怒。

控制好情绪，绝不仅仅是修养的问题，从某种程度上说，它既决定着一个人的气质和生活品质，也关乎其为人处世的成败得失。怒气似乎是一种能量，如果不加控制，它会泛滥成灾；如果稍加控制，它的破坏性就会大减；如果合理控制，甚至可能有所收获。

控制好情绪，做一个平和的人，其玄机在一个"静"字，"猝然临之而不惊，无故加之而不怒"，冷静做人，理智处事，身放闲处，心在静中。

平和的人，眼界极高。表面平凡，实则内聚，心中有坚石般的意志，胸中有经世济邦之策；平和的人，热情而不做作，忠诚而不虚伪。内不见己，外不见人，施恩于人是出于真诚，而不是利用别人来沽名钓誉，信奉"君子坦荡荡，小人长戚戚"，光明磊落，纯心做人。

所以，平和既是一种修养，又是一种方法。平和的人，从不被忙碌所萦绕，而是能宽严得宜、分寸得体、身心自在，享受生活之乐趣。

平衡情绪，走出物欲的迷宫

　　情绪是一种强烈的感觉状况，如激动、苦恼、兴奋、悲伤、喜爱、讨厌、害怕和生气等。人们的情绪非常复杂，它们导致身体发生化学变化，而这种变化又进而影响人们的某些情绪。

　　除了生理性的因素外，还有什么别的因素能决定我们的情绪平衡呢？其实最主要的是我们后天养成的对生活的态度，也就是我们对自己生活环境的反应。

　　人在盛怒时的所作所为大多都禁不起理智的推敲，脱离了自己的本意。而一个人若做不了自己情绪的主人，单凭好恶或感觉去判断外界的人和事，则很容易陷入盲目乐观、焦躁、恼怒或郁闷中，那么等待他们的终将是一事无成。

　　小冬的经历很明显地体现了情绪的不平衡给我们的生活带来的烦恼。

　　小冬说当她和丈夫发生矛盾后，多数是花钱消气。和朋友说，又觉得大家都有压力，不愿把自己的不快带给朋友；和父母说，又不愿让他们担心；和丈夫讲，急性子的她和慢性子的他是越讲越生气，一时半会儿根本讲不通，还会徒增更多的气。如果用家里的东西来发泄，有些是爱情纪念品舍不得，而且最后的"战场"还得自己来打扫。

说来说去也只有将自己的不满发泄到外界，才能"两全其美"。于是，她生气时就会出去逛街，平时想吃的甜点放心地吃，平时想买的衣服放开地买，平时舍不得去玩的地方尽情地玩……总而言之，只要能让自己的情绪发泄出去，做什么都行！等到钱花得差不多了，自己的情绪也慢慢平息了。但事后，再看那些买来的东西，有时也会心疼，当时怎么就下得了狠心呢？

小冬的这种行为属于很标准的"购物狂"行为，通过满足自己的物欲来填补心灵的空虚。

许多人都想控制住自己的情绪，但情绪上来时又总是知难而退："控制情绪实在太难了。"言下之意就是："我是很难控制情绪的。"别小看这些自我否定的话，这是一种严重的不良心理暗示，它可以毁灭你的意志，使你丧失战胜自我的信心。

其实，调整控制情绪并没有你想象的那么难，只要掌握一些正确的方法，就可以很好地驾驭自己的情绪。学会控制情绪也是一个长期的过程，在平时就要把自己的心态调整好，把保持良好的情绪当成一种习惯。

情绪要控制而不要压抑，有压抑情绪的人大多不愿意把自己遇到的事情向别人述说，他们独自承担着因为打击所带来的伤害。这样的自我压抑除了使精神状态变得糟糕外，还会导致个人走向自闭和孤独。假如能够把痛苦说出来，即使别人不能给你指导，你也会感到舒服很多。我们也可以走进大自然，让大自然的魅力和纯洁来净化自己的心灵。还可以参加一些艺术活动，艺术活动对人的神经系统和内分泌系统都有积极的冲击力，能够使人的精神产生无法用言语表达的欢快感。

无论何时我们养成良好的生活态度，获得更好的处理生活中压力的方法都为时不晚，我们要明白，能平衡自己情绪的只能是自己的心，依靠物质只能是治标不治本。

快乐情绪的感染力

一位60多岁的爸爸，在马来西亚聆听一位作家演说后，靠到作家身边来。

他说："为什么我的孩子不肯跟我说话？"

原来身为华侨的他，对孩子的教育极为严格，以至于孩子看到他就躲。

当作家倾听了这位皮肤黝黑的老华侨的心声时，瞧见他的眼睛强忍着泪水，真是于心不忍，作家试着引导他："有否想过回家时，先对孩子露出笑容？"

老华侨严谨的脸庞露出尴尬的表情，他说："我不习惯笑……"

老华侨的脸上显现出一些固化的、下垂的线条。沉默的他，不知道有多久没有开怀大笑过；苦闷的他，不知道有多么渴望和孩子有说有笑！

望着这张失去笑容的脸庞，作家告诉他透过抚摸脸部的皮肤、轻拍脸部的肌肉，开始放松线条吧！作家试想着他的孩子如何在爸爸的笑容里找到被爱的安全感。

　　一个随时开心快乐的人，周围的人也很容易被感染，从而营造出愉悦、轻松的气氛。

　　其中的关键，就是因为"模仿"的缘故。也就是在人际相处时，透过"观看"，我们在不知不觉中会模仿对方的表情变化，同时也被对方的情绪所感染。

　　所以，想要成为快乐的人，不妨多"面对"快乐的人，至少自己在照镜子时，也可以创造线条向上而柔和的笑容吧！

　　一位年轻妈妈问那位激情演讲的畅销书作家："如何让孩子更开朗、更快乐？"

　　作家问她："你怎么知道孩子不快乐？"

　　她说："因为很少听到孩子在家中的笑声。"

　　作家接着问："你们夫妻在家中笑不笑？"

　　年轻妈妈说："很少！"

　　"你想笑吗？"

　　太不可思议了！笑——这样美好、这样有趣的简单的动作，这位年轻妈妈却很少作出。

　　于是全场听众陪着她练习"开口笑"，先把嘴角肌肉往上牵动，再发出"哈哈哈"自然的笑声，这时候，作家发现年轻妈妈下意识地把手拿去遮掩口部。有可能在成长过程中，她被这样教导：笑的时候不要太张扬，不要太失礼。

　　确实，笑，有各样笑法，有各种姿态，注重礼貌是对的，但也别阻碍了笑声畅通而出、笑容自然而发，使自己的快乐能够内外衔接一致。

　　全场听众在年轻妈妈练习笑之后，报以热烈掌声，同时感谢她的分享，让大家领悟到在一个家庭里"笑"的重要性。

　　在演说现场，作家注意到有位中年男士一直没有笑容，尽管听众都绽放笑脸开心地分享，他却始终表情沉郁，默不作声。

　　他之所以没有笑容，可能是因为不知该如何适当表达。

　　当作家问："有谁想做情绪探索？"他很快地举手了。他问："为什么我总是有忧虑的情绪？"

　　作家邀请他出列，并进一步问他："从小你和父亲亲近，还是和母亲近？"

　　他说："母亲！"

　　作家又问："那么，母亲脸部的表情大部分是？"

　　中年男士露出了恍然大悟的神情，同时说："原来如此！我是从母亲那里耳濡目染的。"

　　没错，亲子关系越亲近，孩子越容易感染母亲或父亲表达情绪的模式。心理学家曾探讨"情绪是否会传染"这个问题，结果从科学研究中证实，当一个人长期模仿另一个人的面部表情变化时，就可能已经感染了对方的情绪而不自知。所以，情绪是有传染力的。

　　也就是说，一位长期和孩子相处的大人，他的情绪表现在脸上，孩子在不知不觉中会模仿到相同的表情，接着就出现类似的情绪感受。

　　所以，如果想教养出开朗快乐的孩子，怎能不注意围绕在孩子四周的人究竟有些什么表情？而做父母的，更要尽量对孩子露出开心的笑脸。

第四章 ▷

静能制动，沉能制浮

忍耐是一种智慧

当"智慧"已经钝化，"天才"无能为力，"机智"与"手腕"已经失败，其他的各种能力都已束手无策、宣告绝望的时候，就只剩下"忍耐"。由于其坚持之力，成功得到了，不可能成为可能了，业务做成了，事业成就了。

在别人都已停止前进时，你仍然坚持；在别人都已失望放弃时，你仍然前行，这是需要相当的勇气的。正是这种坚持、忍耐的能力，不以喜怒好恶改变行动的能力，使你得到比别人更高的位置、更多的薪资。

忍耐的精神与态度，是许多人能够成功的关键。

在商界中，能做最多的生意、得到最多的主顾的人，都是那些决不在困难时说出"不"字来的人，是那种有忍耐的精神、谦和的礼仪，足以使别人感觉难拂其意、难却其情的人。一受刺激就不能忍耐的人，不会有大成就。

人们的天性决定了他们对各商家的推销员总有些不欢迎之感。但当他们遇到了一个有忍耐精神、谦和态度的推销员时，情况就不同了。他们知道，有忍耐精神的推销员是不容易打发的，他们常常由于钦佩那个推销员的忍耐精神而购买了他的商品。

有谦和、愉快、礼貌、诚恳的态度，同时又加上忍耐精神的人，是非常幸运的。

做我们喜欢并对之充满热情的事，是很容易的，但是要全神贯注地去做那种不快的、讨厌的、为我们内心所反对的，而又为了别人而不得不去做的事，却是需要勇气、需要耐性的。

认定了一个大目标，不管它可喜或可厌，不管自己高兴或不高兴，总是以全力赴之——这样的人，总能获得最后的胜利。

定下了一个固定的目标，然后集中全部精力去实现那个目标，这种能力，最能获得他人的钦佩与尊敬。人人都相信百折不回、能坚持、能忍耐的人。不管社会发生什么变化，意志坚定的人总能在社会上找到适合自己的位置。

忍耐是成熟的开始

忍耐是一种宽容。19世纪的法国作家维克多·雨果曾说过这样的一句话："世界上最宽阔的是海洋，比海洋宽阔的是天空，比天空更宽阔的是人的胸怀。"在生活中，面对家长的批评、朋友的误解，过多的争辩和"反击"实不足取，唯有冷静、宽容、谅解最为重要。相信这句名言："宽容是在荆棘丛中长出来的谷粒。"能退一步，天地自然宽。

忍耐更是一种潇洒。"处处绿杨堪系马，家家有路到长安。"如果一个人事事斤斤计较、患得患失，那么他一定很累。我们难得人世走一遭，潇洒最重要。所以，应当宽厚待人，容纳非议。

有位先哲曾说："人如果没有忍耐之心，生命就会被无休止的报复和仇恨所支配。"

　　有一天，古希腊哲学家苏格拉底和他的一位老朋友在雅典城里漫步，一边走，一边聊天。忽然，有一个莫名其妙的人冲了出来，打了苏格拉底一棍子，就逃去了。他的朋友立刻回头要去找那个家伙算账。

　　但是苏格拉底拉住了他，不准他去还手。朋友说："你怕那个人吗？""不，我绝不是怕他。""人家打了你，你都不还手吗？"苏格拉底笑笑说："老朋友，你别生气。难道一头驴子踢你一脚，你也要还它一脚吗？"

　　有人说忍耐是软弱的象征，其实不然，有软弱之嫌的忍耐根本称不上真正的忍耐。忍耐是人生难得的佳境——一种需要操练、需要修行才能达到的境界。忍耐是一种高尚的美德，它能让你的内心时时充满安详与快乐，也能让你轻松地赢得他人的尊重。

　　托尔斯泰虽然很有名，又出身贵族，却喜欢和平民百姓在一起，与他们交朋友，从不摆大作家的架子。

　　一次，他长途旅行时，路过一个小火车站。他想到车站上走走，便来到月台上。这时，一列客车正要开动，汽笛已经拉响了。托尔斯泰正在月台上慢慢走着，忽然，一位女士从列车车窗里冲他直喊："老头儿！老头儿！快替我到候车室把我的手提包取来，我忘记提过来了。"

　　原来，这位女士见托尔斯泰衣着简朴，还沾了不少尘土，把他当成车站的搬运工了。

托尔斯泰赶忙跑进候车室拿来提包，递给了这位女士。

"谢谢了！"女士感激地说，随手递给托尔斯泰一枚硬币，"这是赏给你的。"

托尔斯泰接过硬币，瞧了瞧，装进了口袋。

正巧，女士身边有个旅客认出了这个风尘仆仆的"搬运工"，就大声对女士叫道："太太，您知道您赏钱给谁了吗？他就是列夫·托尔斯泰呀！"

"啊！天哪！"女士惊呼起来，"我这是在干什么事呀！"她对托尔斯泰急切地解释说，"托尔斯泰先生！托尔斯泰先生！请别计较！请把硬币还给我吧，我怎么会给您小费，多不好意思！我这是干出什么事来。"

"太太，您干吗这么激动？"托尔斯泰平静地说，"您又没做什么坏事！这个硬币是我挣来的，我得收下。"

汽笛再次长鸣，列车缓缓开动，带走了那位惶惑不安的女士。

托尔斯泰微笑着，目送列车远去，又继续他的旅行了。

　　如果这件事情发生在我们的身上，我们是否能如托尔斯泰这般淡然呢？生活中有很多人都不能忍耐，即使遇到一点儿小事，也不肯放过。其实这样做往往是对自己的折磨，不懂得忍耐的人往往都是爱生气的人，而跟别人斗气，伤害的总是自己的身体。所以生气时要懂得忍耐，不让愤怒伤害心灵和身体。

　　挫折面前懂得忍耐，鼓起勇气战胜一切挫折，取得人生的进步，成长和成熟也就从此开始。

忍受环境，磨砺自己。尼布尔有一句有名的祈祷词说："上帝，请赐给我们胸襟和雅量，让我们平心静气地去接受不可改变的事情；请赐给我们智慧，去区分什么是可以改变的，什么是不可以改变的。"这也是我们面对难以忍受之事时的参考锦囊。

有容德乃大，有忍事乃济

忍耐是磨砺生命的第一要务。忍耐有三种境界：

第一，对人为的加害要能够忍受。忍人家对你的侮辱、对你的陷害。能忍，绝对有好处。原因何在？因为能忍，所以心地清净。

第二，对自然的变化要能够忍受。如冷热、寒暑的变化，能够忍；饥饿、干渴要能忍；遇到天然的灾害，也要能够忍耐。

第三，耐心是精进的预备功夫，有耐心才谈得上精进。

那么，究竟忍是什么呢？人们通常认为，所谓的"忍"是"忍辱"。没有忍辱，就不能负重，没有忍耐，就什么事情都不能成就。忍是一个人获得成就的不可回避的过程。

明代禅宗憨山大师曾说："荆棘丛中下脚易，月明廉下转身难。"要行人所不能行，忍人所不能忍，进入这个茫茫苦海中来救世救人，那是最难做到的。

其实，一切成就也都来源于"忍"。小不忍则乱大谋。孔子的"克己复礼"是忍耐，他的思想至今在人间散发着理性的光芒，成为众人奉行之本。忍不是懦弱无能，忍是对无间地狱诱惑的不屑，忍是以退为进，忍耐是上善。老子曰，上善若水。水是最温柔的，水却又是最强大的。忍就是相信时光的力量，相信冥冥之中自有公道。

能屈能伸，大丈夫之道也。忍得一时方能成就伟业，相反，不能忍耐、毛毛躁躁，最终只能错失良机、遗恨千古。莫大的祸患，都来源于不能忍耐一时。

刘邦在取得基本胜利后按兵不动是忍耐，终厚积薄发成就一代帝业；项羽急不可待，最终却是霸王别姬、饮恨乌江。韩信甘愿受胯下之辱是忍耐；司马迁受到宫刑是忍耐；刘备与曹操"青梅煮酒论英雄"是忍耐，他们最终都在历史上留下了光辉的一页。

事业失败需要忍耐，感情受挫需要忍耐，人生磨难需要忍耐，经济合作需要忍耐，人际关系需要忍耐，家庭生活需要忍耐……在人生的历程中，我们会遇到一些需要忍耐的事情，借以历练自己的心智。学会忍耐，在生命历程中实践忍耐，你就能够在不久的将来成就你的人生。

忍是人生的必要修行课

"忍不但是人生一大修养，是修学菩萨道的德目，也是快乐过生活不可或缺的动力。"在谈及幸福人生为何需要"忍耐"时，星云大师曾这样回答："忍可以化为力量，因为忍是内心的智能，忍是道德的勇气，忍是宽容的慈悲，忍是见性的菩提。"忍的含义如此丰富，自然能够为幸福人生增添更多的滋养。

真正的忍耐不仅在脸上、口上，更在心上，人要活着，必须以忍处世，不但要忍穷、忍苦、忍难、忍饥、忍冷、忍热、忍气，也要忍富、忍乐、忍利、忍誉。以忍为慧力，以忍为气力，以忍为动力，还要发挥忍的生命力。

有一支刚刚被制作完成的铅笔即将被放进盒子里送往文具店，铅笔的制造商把它拿到了一旁。

制造商说，在我将你送到世界各地之前，有五件事情需要告知：

第一件，你一定能书写出世间最精彩的语句，描绘出世间最美丽的图画，但你必须允许别人始终将你握在手中。

第二件，有时候，你必须承受被削尖的痛苦，并保持旺盛的生命力。

第三件，你身体最重要的部分永远都不是你漂亮的外表，而是黑色的内芯。

第四件，你必须随时修正自己可能犯下的任何错误。

第五件，你必须在经过的每一段旅程中留下痕迹，不论发生什么，都必须继续写下去，直到你生命的最后一毫米。

铅笔的一生是充满传奇的一生，它用自己的生命勾勒着世人心中最精致的图画，书写着最温暖的文字，即使在生命渐渐消失的时候，还在创造着新鲜的美丽。但是，它所迈出的每一步，却都踩在锋利的刀刃上，它一生都在忍受着无穷的痛苦。

　　无边的罪过，在于一个"嗔"字；无量的功德，在于一个"忍"字。充实的生命，幸福的人生，需要能够忍受寂寞，忍受他人的恶意羞辱，忍受生活的磨炼，在忍耐中坚强，在坚强中成长。

　　山里有座寺庙，庙里有尊铜铸的大佛和一口大钟。每天大钟都要承受几百次撞击，发出哀鸣，而大佛每天都会坐在那里，接受千千万万人的顶礼膜拜。

　　一天深夜里，大钟向大佛提出抗议说："你我都是铜铸的，你却高高在上，每天都有人向你献花供果、烧香奉茶，甚至对你顶礼膜拜。但每当有人拜你之时，我就要挨打，这太不公平了吧！"

　　大佛听后思索了一会儿，微微一笑，然后，安慰大钟说："大钟啊，你也不必艳羡我。你知道吗？当初我被工匠制造时，一棒一棒地捶打，一刀一刀地雕琢，历经刀山火海的痛楚，日夜忍耐如雨点落下的刀锤……千锤百炼才铸成佛的眼耳鼻身。我的苦难，你不曾忍受，我经过难忍的苦行，才坐在这里，接受鲜花供养和人类的礼拜！而你，别人只在你身上轻轻敲打一下，就忍受不了，痛得不停喊叫！"

　　大钟听后，若有所思。

　　忍受艰苦的雕琢和捶打之后才成为大佛，钟的那点儿捶打之苦又有什么呢？忍耐与痛苦总是相随相伴，而这样的经历，却总是能够将人导向幸福的彼岸。

苦忍的一瞬是光明的开始

忍是修行必需的一种精神，同时也是人获得成就的不可回避的路程。"忍"是佛家的智慧，也是儒家的学说结晶之一，孔子所讲的"克己复礼"就是"忍"的一种。其实，人生的种种都需要忍耐，事业失败、感情受挫、学习艰难、人际争端、家庭矛盾等，如果你不能忍受这些，你将很难成功。

人一定要有忍耐和坚持的精神，这是一种正确和不可或缺的人生观。

也许你不比别人聪明，也许你有某种缺陷，但你却不一定不如别人成功，只要你多一分坚持，多一分忍耐，就能够渡过困境，成就他人所不能。

通往成功之路通常都是艰巨的，绝不可能唾手可得。生活中的苦涩，曾使人失望流泪；漫漫岁月的辛苦挣扎，曾催人衰老。人的一生经历机遇、打击、磨炼，这些都将化为百折不挠的意志，为事业的永恒做足心理储备。人们始终都要从困境里苦苦挣扎，最后臻至化境，而最需要的，就是一颗能够忍受痛苦和孤独的心。

长久的婚姻来自恒久的忍耐

有一部广受喜爱的电视剧《金婚》，讲述的是一对夫妻在漫长的 50 年婚姻生活中的琐碎。有初婚的甜蜜，有相互的指责、争执；有中年的疲倦，有遭遇外来诱惑的犹豫；到最后老年的相濡以沫，真实而生动地展现了婚姻的真谛。爱是永恒，但爱不仅仅是玫瑰的娇艳，也有咖啡的苦涩，这才是真正的婚姻，这才是真正的生活。

在童话故事中，无论是灰姑娘，还是白雪公主，她们都最终和心爱的王子"有情人终成眷属"。故事到此戛然而止，人们从来不去猜想接下来他们的婚姻生活，是否也有争吵，是否也有抱怨，是否也会因"七年之痒"而劳燕分飞？他们真的就能相敬如宾、白头偕老吗？人们不愿去想，只愿意去品味爱情的浪漫、甜蜜，而不愿去想象婚姻的琐碎。

正所谓："相爱容易，相处太难。"如果说相爱是一个甜蜜醉人的梦，那么相处就是一个不识相的闹钟。不可否认，爱情常常是在一个充满想象的空间里，因为思念、回忆、憧憬和距离而愈加美丽动人。而当距离消失，想象便失去了飞翔的翅膀，爱情如仙女落入凡尘，柴米油盐、喜怒哀乐、生老病死交织而成的平淡生活渐渐洗去了铅华，生活的现实几乎掩盖了浪漫的光环。往日炽热专注的目光变得漫不经心，不厌其烦的绵绵情话变成了言简意赅的三言两语，平日看不够的举手投足渐渐觉得有些碍眼……是不爱了吗？那曾经有过的一切分明历历在目；还爱吗？感觉似乎又不同于从前……

父母那一辈人大多是相濡以沫、白头偕老的。在《读者》杂志上有这样一则小故事：

　　一对性格完全不同的人，却成就了 50 多年的好姻缘。有人问老妇人，这么长的岁月，怎么走过来的？她答一个"忍"字；又问男主人，他答一个"让"字。听似不可思议，实则金玉良言。如果两个人是相爱的，你不能容忍他，你也就不能忍耐除他之外任何一个你重新选择的人，你也就永远无法拥有一份长久而真实的感情。

　　爱是恒久忍耐。如果你爱一个人，那么就永远忍耐他的一切；反过来，如果你恒久忍耐一个人，那么你一定是非常爱他的。

　　爱情真正的天敌，是时间，是岁月，爱情要战胜时间和岁月，凭的是温情而不是激情，要的是宽容而不是占有，靠的是容忍而不是要求，有的是真诚而不是虚情。

最柔软的也是最坚硬的

　　柔软与坚强，看起来是对立的，却可以同时存在。大部分人会认为刚硬的东西一定很坚固。但事实上，恰恰是那些看似柔弱的东西，是最坚强的。就好像恶毒的语言，虽然锐利，却会导致结怨；而适当赞美的语言，柔和却直指人心。

　　纵然他人用尖酸刻薄的语言来打击自己，也不要想着以牙还牙、以眼还眼，而要用柔和、宽厚的态度回应，善尽自己的一切努力。这样既宽容了别人，也保护了自己。

　　牙齿坚硬刚强，从不示弱，无坚不摧；而舌头恰恰相反，软弱无力，避实就虚，知难而退，不敢争锋。

然而，当人白发苍苍之时，牙齿早已掉得精光，而舌头却依然还在。

这也正说明，坚硬的东西往往容易破碎、断裂，甚至粉身碎骨，但柔软的东西可以更加绵长。做人的道理也是如此，太过刚硬的人像钢，水能克之，所以做人不可锋芒毕现；说话也是如此，恶语伤人，六月天也有如三九。

子贡是孔子最得意的弟子之一，他是一个性格比较清高、通透的人，悟性也好，最突出的特点是口才好，有才气。但是有才华的人通常会有一个毛病，就是对人求全责备，总是以很高的标准去要求他人。而且因为自己才华横溢，往往就对很多人看不上眼，口出狂言也是常有的事。子贡说话有点儿太刻薄，不懂得委婉、含蓄，这样脱口而出的话伤人也是在所难免的。因此，孔子说："赐也贤乎哉？夫我则不暇。"意思是："子贡对人说话这样，他还能成为贤人吗？换作我，我就没时间去对人吹毛求疵。"

其实，生活中很多人都会犯子贡所犯的错误，常常只顾着自己痛快，话出口之后才发现会不小心伤害别人，正所谓"恶语伤人六月寒"。与人为难，必然会与人结怨，如此乍现的锋芒必将遭受更多的障碍与打击。所以，不要求全责备，不要吹毛求疵，与其苛求别人，不如反省自己。

反省自己，赞美他人，这才是与人相处之道。不说伤人的

"恶语"，而是去发掘别人的优点，并给予赞美，便会"美言入心三冬暖"。

　　一天夜里，刮起了台风。由于风势的猛烈，整个市区都停了电，陷入一片漆黑之中。就在这天晚上临睡之前，女儿赤着脚丫举着一支蜡烛来到母亲的面前，对她说："妈妈，我最喜欢的就是台风。"

　　"你为什么喜欢台风？难道你不知道吗，每刮一次大风，就会有很多屋顶被掀跑，很多地方被水淹，铁路被冲断，家庭主妇望着60元一斤的白菜生气，而你却说喜欢台风？"母亲生气地说道。

　　"因为有一次，台风来的时候停电……"

　　"你是说你喜欢停电？"

　　"停电的时候就可以点蜡烛。"

　　"蜡烛有什么特别的？"母亲继续好奇地问。

　　"我拿着蜡烛在屋里走来走去，你说我看起来很像天使……"

　　听了女儿的解释，母亲终于在惊讶中静穆下来。

　　也许以她的年龄，她对天使是什么也不甚了解，她喜欢的只是那夜母亲夸她时那赞美的话语。

　　这便是语言的力量。在日常生活中，我们都可能遇到类似的事情，一句不经意的赞美，却有可能改变很多事情，对方的心情，彼此的印象，事件的格局，乃至创造一个奇迹。

　　所以，不要吝啬自己的赞美，也许你的一句话会令对方受益终身。每一个角落都在等待阳光的照耀；每一个人都在等待美好时光的到来；每一颗心都在等待心灵的碰撞。为别人鼓掌喝彩，就是尊重别人的价值，让别人在无情的竞争中获得一分温情。也许他是一只煅烧失败、一经出世就遭冷落的瓷器，没有凝脂般的釉色，没有精致的花纹，无法被人藏于香阁。但是，你对他的安慰和鼓励，可能给他一片灿烂的艳阳天。

让心灵承受住孤独的重负

在现实生活中，很多人都害怕独自面对孤独、忍受寂寞。然而，钱穆告诉我们，孤独并非坏事，生命往往因为孤独而变得伟大，关键是能否耐住孤独的重负。其实，当我们感到孤独的时候，只要我们轻轻地合上门窗，隔去外面喧闹的世界，默默地坐在书架前，拂去书本上的灰尘，翻着书页，我们便能在这纸墨清香中平静自己烦躁的内心，在所谓的孤独包围里畅快地游弋在知识的海洋里。正像作家纪伯伦所说："孤独，是忧愁的伴侣，也是精神活动的密友。"孤独，是人的一种宿命，更是精神优秀者所必然选择的一种命运。

然而，现实中的我们在面对孤独的时候，往往缺少一种适应孤独、利用孤独的能力。我们常常惧怕孤独、躲避孤独，追求虚无的刺激来麻醉自己的孤独。其实，种种逃避孤独、麻醉自我的行为只能将自己推向平庸的结局。看看下面这个故事，或许会对你有所启发。

有位孤独者倚靠着一棵树晒太阳，他衣衫褴褛、神情萎靡，不时有气无力地打着哈欠。一位智者由此经过，好奇地问道："年轻人，如此好的阳光，如此难得的季节，你不去做你该做的事，而在这里懒懒散散地晒太阳，岂不辜负了大好时光？"

"唉！"孤独者叹了一口气说，"在这个世界上，除了躯壳外，我一无所有。我又何必去费心费力地做什么事呢？每天晒晒我的躯壳，就是我做的所有事了。"

"你没有你的所爱？"

"没有。与其爱过之后便是恨，不如干脆不去爱。"

"没有朋友？"

"没有。与其得到还会失去，不如干脆没有朋友。"

"你不想去赚钱？"

"不想。千金得来还复去，何必劳心费神动躯体？"

"噢！"智者若有所思，"看来我得赶快帮你找根绳子。"

"找绳子，干吗？"孤独者好奇地问。

"帮你自缢！"

"自缢，你叫我死？"孤独者惊诧了。

"对。人有生就有死，与其生了还会死去，不如干脆就不出生。你的存在，本身就是多余的，自缢而死，不是正合你的逻辑吗？"孤独者无言以对。

在我们的生活里，很多人在面对孤独的时候，总是什么也不做，他们就像故事中的孤独者一样，给自己找出很多的借口来麻醉自己。殊不知,生活中实在有太多的事情需要我们去处理,如果只是在孤独中束手无策,消极地空耗时间,那么这样的人生与早早了结无异。对于孤独的困惑,钱穆就曾告诫我们:生命的支点不在生命之中,而在生命之外,满足转瞬成空虚,愉快与欢乐,眨眼变为烦闷与苦痛。逐步向前,不断地扑空,唯有忍受住孤独与寂寞,追求的目标才愈鲜明,追求的意志才愈坚定,人生才有一种充实和强力之感。

可见,忍耐住孤独对于我们来说有多么重要,只有我们的心灵忍受住孤独的重负,我们才会获得充实,我们才能有鲜明的目标和坚定的意志。

哑巴哲学:想说的时候忍一忍

生活中,谁都难免遇上难堪的误解、遇到他人不公正的批评甚至辱骂,但要记住:不要因为对方一句不公正的批评或难听的辱骂,而像对方一样失去理智。

哲人康德说:"生气是拿别人的错误惩罚自己。"有关专家认为,长期积怨不但使自己面孔僵硬而多皱,还会引起过度紧张和心脏病。所以,我们应爱惜自己,不要让他人的情绪影响自己的健康。

一位女作家说:"女友找到一位男朋友,跑来征求我的意见,我左看右看觉得那男人不顺眼,但看看女友那兴高采烈、得意扬扬的样子,话到了嘴边便咽了回去。几年后,看到他们恩恩爱爱、幸福美满的小家庭，我便暗暗庆幸自己当初没有冒失地去投反对票。"

假如有一天你知道自己受了欺骗，大吵大闹也于事无补，那么何不将欺骗留于心底？假如你明白相聚的人终究要离去，海誓山盟亦不再留得住往日欢欣，那么就洒脱地为他送行吧。沉默是金。

有一个男孩有着很坏的脾气，于是他的父亲就给了他一袋钉子；并且告诉他，每当他发脾气的时候就钉一根钉子在后院的围篱上。

第一天，这个男孩钉下了 37 根钉子。慢慢地每天钉下的数量减少了。他发现控制自己的脾气要比钉下那些钉子来得容易些。终于有一天这个男孩不再乱发脾气，他把这件事告诉了父亲。父亲告诉他，现在开始每当他能控制自己的脾气的时候，就拔出一根钉子。

一天天地过去了，最后男孩告诉他的父亲，他终于把所有钉子都拔出来了。父亲握着他的手来到后院说："你做得很好，我的好孩子。但是看看那些围篱上的洞，这些围篱将永远不能恢复成从前的样子。你生气的时候说的话像这些钉子一样留下疤痕。如果你拿刀子捅别人一刀，那么不管你说了多少次对不起，那个伤口都在。话语的伤痛就像真实的伤痛一样令人无法承受。人与人之间常常因为一些彼此无法释怀的坚持，造成永远的伤害。所以，每当你生气的时候，忍一忍，之后，想想如果为了那些鸡毛蒜皮的事情争执，自己也觉得可笑。"

不再怨恨别人，不再麻烦自己：任你怎么说也要守我本分，始终相信——沉默是金。

说话和沉默并不矛盾，在谈话中应学会沉默。适当的沉默不是冷漠、孤僻，它终会得到人的尊重；夸夸其谈，言不由衷，才会不讨人喜欢。

沉默是成功者良好气质和风度的表现，是失败者不甘受挫，奋起反击的誓言，也是人们默默攀登、不断前进的阶梯。

拒绝浮躁，人生要耐得住寂寞

现代人生活的节奏很快，人们匆匆奔波的脚步，快节奏的吃饭方式都体现了这一点，在紧张与焦灼的节点下，心浮气躁、急于求成几乎成了现代人的特征。人们变得很难让自己沉下来，似乎沉下心，认真地思考人生成了一件奢侈的事情。

刚刚大学毕业的小张是从农村出来的，开始走上工作岗位时拿到的薪水还算不错。但是，他给自己施加的心理压力很大。他从小家境贫寒，父母终日在田地里辛苦耕作，用省吃俭用积攒下来的钱供他读书。因此，他一直希望能够有朝一日在城里买房接父母来住。虽然他的生活已经很节约了，但是每月将房租、饭钱、交通费、通信费等这些生活必需费用扣除之后，所剩无几。而城里的房价、物价，都使他心境难以平静。他萌生了跳槽的念头，于是他开始四处搜集招聘信息，希望能够跳到一家薪水更高的公司。可以想象，他萌生这个念头的时候，就很难再专心工作。

不久，他的上司就觉察出了他的问题，他做的方案漏洞百出、毫无新意，甚至出现很多错别字，可以明显看出是在敷衍了事，没有用心去做。于是，上司找他谈话，不料刚批评几句，小张不仅没有承认自己的问题，反而质问上司："公司给我这么点儿薪水，还希望我能做出什么高水平的方案来！"上司这才意识到，原来小张的情绪源于薪水低。他并没有生气，反而平静地告诉小张："公司里的薪水并不是一成不变的，只要你做出了业绩，薪水自然会上去的。真正决定你薪水的不是公司、不是老板，而是你自己。"但是，小张根本听不进去，一怒之下，刚工作不到半年的他毅然决定辞职不干了。

辞职后，他开始专心找薪水高的工作，凭着他的聪明才智，很快又应聘到另外一家公司，这家公司的薪水比之前的公司高出了1000元。这让小张庆幸自己跳槽非常明智。刚工作三个月，小张偶尔从同事那里了解到，同行业里的另一家公司薪水普遍要比现在的公司要高。这使小张本来平静的心又一次地波动起来。他又开始关注那家公司的消息。本来他所在的公司打算委任他一项重要的项目，要出差到外地的分公司半年，虽然辛苦，但是能够为以后在公司的晋升奠定基础。但是，小张一心想要跳到另一家公司，根本无心继续待下去，拒绝了这个在别人看来千载难逢的好机会。于是，小张在公司老板的眼里就留下了不思进取的印象。在金融危机袭来的时候，公司裁员，小张不幸被裁掉。当他再去找工作的时候，几乎所有的面试官都会问他同一个问题："为什么你在不到一年的时间就换了三份工作？"

小张为自己设定了一个更大的目标，目标本身并没有错。但是，实现目标的过程并不是一蹴而就的，要有一个厚积薄发的过程。即使面临着很多诱惑，也要让自己耐得住寂寞，让脚步走得扎扎实实。稳扎稳打，才会有更大的成功。

学习水的智慧

老子在《道德经》中说过："上善若水。水善利万物而不争，处众人之所恶，故几于道。居善地，心善渊，与善仁，言善信，正善治，事善能，动善时。夫唯不争，故无尤。"老子拿水与物不争的善性一面，来说明它几近于道的修为。

水具有滋养万物生命的德行，使万物得其润泽，而又不与万物争利。永远不居高位，在这个永远不平的物质世界中，甘愿自居下流，藏垢纳污而包容一切。对水如此厚赞，到底其实是要推演到人的身上。所以，老子实际上是在期望人能做到如水一样。所谓"居善地"就是善于自处而甘居下地；"心善渊"，就是心境像水一样，有善于容纳百川的深沉渊默；"与善仁"就是行为举止同水一般助长万物生灵；"言善信"就是言语如潮水一样准则有信；"正善治"就是立身处世像水一样持平正衡；"事善能"就是做事担当像水一样调剂融和；"动善时"就是把握机会，及时而动，做到同水一样随着动荡的趋势而动荡，跟着静止的状况而安详澄止。

如果将水的品性归结到一点，那便是"不争"。所谓"不争"，就是摒弃争强斗胜、争名夺利之心，若人能做到不争，便可消弭人世间的各种矛盾和争端。

管仲与鲍叔牙的故事千百年来被传为佳话，两人从年轻时便有往来。管仲生活贫困，常常喜欢占鲍叔牙的便宜，鲍叔牙从无怨言。后来两人各为其主，等到鲍叔牙所辅佐的齐国公子小白被立为齐桓公时，对手的臣子管仲就被囚禁起来了，鲍叔牙此时却一再向桓公推荐管仲，甚至说要完成霸业非管仲不可。管仲由此执掌齐国的政事，齐桓公九次会集诸侯，使天下得到匡正，都得益于管仲的计谋。而鲍叔牙则甘居其后。

管仲说："我当初贫困的时候，曾经和鲍叔牙一起经商，分财利时自己常常多拿一些，但鲍叔牙并不认为我贪财，知道我是由于生活贫困；我曾经为鲍叔牙办事，结果使他更加穷困，但鲍叔牙并不认为我愚笨，知道这是由于时机有利和不利；我曾经三次做官，三次都被君主免职，但鲍叔牙并不认为我没有才干，知道我是由于没有遇到好时机；我曾三次作战，三次都战败逃跑，但鲍叔牙并不认为我胆小，知道这是由于我还有老母；公子纠失败，召忽为他而死，我被囚禁起来受屈辱，但鲍叔牙并不认为我不知羞耻，知道我不拘泥于小节，而以功名不显扬于天下为羞耻。生我的是父母，但了解我的却是鲍叔牙啊！"

管仲有奇才，鲍叔牙爱其才而能包容他的一切缺点，甘愿为他的功业铺路。这就是"不争"的胸怀。"不争"的出发点是利人利物，而非利己，但反过来也能收到利己的效果。依旧以管鲍为例，鲍叔牙善于识人而又毫无私心，所以齐国上下都对他极为敬仰，以至于他的子孙世代都在齐国享受俸禄，十几代人都得到了封地，大都成为有名的大夫。虽然从"利己"的结果来看"不争"多少有些狭隘，但也的确道明了不争而无忧的大道。

每个人都应该在心中播种善良的种子，如此，日后方能绽放出绚烂的花朵。

苏珊是个可爱的小女孩。可是，当她念一年级的时候，医生却发现她那小小的身体里面竟长了一个肿瘤，必须住院接受化疗。出院后，她显得更瘦小了，神情也不如往常那样活泼了。更可怕的是，原先她那一头美丽的金发，现在差不多都快掉光了。虽然她那蓬勃的生命力和渴望生活的信念足以与癌症——死神一争高低，她的聪明和好学也足以补上被落下的功课；然而，每天顶着一颗光秃秃的脑袋到学校去上课，对于她这样一个六七岁的小女孩来说，无疑是非常残酷的事情。

老师非常理解小苏珊的痛苦。在苏珊返校上课前，她热情而郑重地在班上宣布："从下星期一开始，我们要学习认识各种各样的帽子。所有的同学都要戴着自己最喜欢的帽子到学校来，越新奇越好！"

星期一到了，离开学校几个月的苏珊第一次回到她所熟悉的教室，但是，她站在教室门口却迟迟没有进去，她担心，她犹豫，因为她戴了一顶帽子。可是，使她感到意外的是，她的每一个同学都戴着帽子，和他们的五花八门的帽子比起来，她的那顶帽子显得那样普普通通，几乎没有引起任何人的注意。一下子，她觉得自己和别人没有什么两样了，没有什么东西可以妨碍她与伙伴们自如地见面了。她轻松地笑了，笑得那样甜，笑得那样美。

日子就这样一天天过去了。现在，苏珊常常忘了自己还戴着一顶帽子，而同学们呢？似乎也忘了。

一个善良的举动，有时能把人从痛苦的深渊中拯救出来，并且带给他们希望；一个微笑，有时能让人相信他还有活着的理由。

人情世故，纷繁复杂。"上善若水"乃处世之基，要有善于自处而甘居下地的气度，要有容纳百川的度量，立身要像水一样持平正衡，处事要像水一样调剂融和……只要人能遵循水的基本原则，与世无争，永无过患而安然处顺，便是掌握了天地之道的妙用了。人心本善，每个人的心中都有善念。伸出你的双手，用善良去帮助别人，善行永远都有善报。

耐烦做事终成功

在这个世界上，没有什么东西可以替代持之以恒的奋斗：天赋不能替代，父辈的遗产不能替代，有力者的垂青也不能替代，所谓的命运更不能替代。

几乎所有人都有过奋斗的意识，都想通过自己的努力实现个人的价值，但是，鲜有能坚持到最后的人，那些半途而废的人往往都败给了内心的浮躁。

现在很多年轻人做事缺乏耐心，长时间做同一件事不耐烦，做同一份工作会感觉无聊，在一个地方住久了会厌倦，甚至连读一本书的耐性都没有，又怎么能指望这样的人把持之以恒的奋斗作为人生的主调呢？

"不耐烦"的毛病病因在于"无恒"，而恒心却极为重要。

"有恒为成功之本。"无论做任何事情，恒心都是不可缺少的。持之以恒的人常在人生的后程发力，这股力量经过了长时间的积蓄，必定会喷薄而出，并能绵延到最后；如果不耐烦而没有恒心，即使掘井九仞，若不再继续，仍然没有水喝，所有的努力到最后都会功亏一篑。

弟子们问禅师："老师，如何才能成功呢？"

禅师对弟子们说："今天咱们只学一件最简单也是最容易的事。每人把胳膊尽量往前甩，然后再尽量往后甩。"说着，禅师示范了一遍，说道："从今天开始，每天做 300 次。大家能做到吗？"

弟子们疑惑地问："为什么要做这样的事？"

禅师说："一年之后你们就知道如何能成功了！"

弟子们想："这么简单的事，有什么做不到的？"

　　一个月之后，禅师问弟子们："我让你们做的事，有谁坚持做了？"大部分的人都骄傲地说道："我做了！"禅师满意地点点头说："好！"

　　又过了一个月，禅师又问："现在有多少人坚持着？"结果只有一半的人说："我做了！"一年过后，禅师再次问大家："请告诉我，最简单的甩手运动，还有几个人坚持着？"这时，只有一人骄傲地说："老师，我做了！"

　　禅师把弟子们都叫到跟前，对他们说："我说过，一年之后你们就知道如何能成功了。现在我要告诉你们，世间最容易的事常常也是最难做的事，最难做的事也是最容易的事。说它容易，是因为只要愿意做，人人都能做到；说它难，是因为真正能做到并持之以恒的，终究只是极少数人。"

　　后来一直坚持做的那个弟子成为禅师的衣钵传人，在所有的弟子中只有他坚持到了最后。

　　从这个故事中不难看出，在人生这个漫长的成长过程中，能否取得最后的胜利并不在于一时的快慢。那些"耐得住烦"，在自己成长的道路上静下心来，遇到困难不气馁、不灰心，矢志不移地前进的人，往往会距离成功更近一步。

　　从古至今，所有追求成功的人都必然付出长久的努力，汉朝的董仲舒，青年时代立志向学，三年不窥园，终于成为一代名儒学者；晋朝王羲之，临池磨砚，写完一缸水又换一缸水，终于成为旷古书法大家。世上无难事，只怕有心人，持之以恒，便没有爬不上的高峰，也没有越不过的沟坎。

　　古希腊哲人苏格拉底说："许多赛跑者的失败，都是败在最后几步。跑'应跑的路'已经不容易，'跑到尽头'当然更困难。"人生的较量是智慧与意志的较量，中途言弃的人自然领略不到终点的风光。

第五章 ▷

心静自安，淡然自若

享受当下时光，不沉溺过往

……我虽然不富甲天下，却拥有无数个艳阳天和夏日。

——亨利·大卫·梭罗

写这句话时，梭罗想起孩提时代的瓦尔登湖。

当时，伐木者和火车尚未严重破坏湖畔的美丽景致。小男孩可以走向湖中，仰卧小舟。自一岸缓缓漂向另一岸，周遭有鸟儿戏水，燕子翻飞。梭罗喜欢回忆这样和煦的阳光和醉人的夏日，"慵懒是最迷人也是最具创意的事情"。

我们曾经也是热爱湖塘的孩子，拥有无数个艳阳天与夏日。如今阳光、夏日依旧，男孩和湖塘却已改变。那男孩已长大成人，不再有那么多时间泛舟湖上。而湖塘也为大城市所吞噬。曾有苍鹭觅食的沼泽，如今已枯竭殆尽，上面盖满了房舍。睡莲静静漂浮的湖湾，现在成了汽艇的避风港。总之，男孩所爱的一切已不复存在——只留在人们的回忆中。

有些人坚持认为今日和明日才是重要的，可是如果真的照此生活，我们将是何其可怜！许多今日我们做的事是徒劳不足取的，很快就会被忘记；许多我们期待明天将要做的事却从来没有发生过。

过去是一所银行。我们将最可贵的财产——那些赐予我们生命的意义和深度的记忆珍藏其中。

真正珍惜过去的人，不会悲叹旧日美好时光的逝去，因为藏于记忆中的时光永不流逝。死亡本身无法止住一个记忆中的声音，或擦除一个记忆中的微笑。对现已长大成人的那个男孩来说，那儿总会有一个湖塘不会因时间和潮汐而改变，可以让他继续在阳光下享受安静的时光。

别让今天的美好偷偷溜走

我们的潜意识里藏着一派田园诗般的风光。我们仿佛身处一次横贯大陆的漫漫旅程之中。我们乘着火车领略着窗外流动的景色：附近高速公路上奔驰的汽车、十字路口处招手的孩童、远山上吃草的牛群、源源不断地从电厂涌出的烟、一行行的玉米和小麦、平原与山谷、群山与绵延的丘陵、城市的轮廓与乡间的宅第。

然而我们心里想得最多的却是最终的目的地。在某一天的某一时刻，我们将会抵达。迎接我们的将是奏曲的乐队和飘舞的彩旗。一旦抵达，很多美梦将成为现实，我们的生活也将变得完整，如同一块拼好了的拼图。可是我们现在却在过道里不耐烦地踱来踱去，咒骂火车太慢。我们期待着、期待着，期待着火车进站的那一刻。

"当我们到站的时候，一切就都好了！"我们呼喊着。"当我18岁的时候！""当我供最小的孩子念完大学的时候！""当我偿清贷款的时候！""当我到了退休的年纪，就可以从此过上幸福的生活了！"

可是我们终究会认识到人生的旅途中并没有终点站，也没有能够"一到永逸"的地方。生活的真正乐趣在于旅行的过程，而终点站不过是个梦，它始终遥遥领先。

"享受现在"是句很好的箴言。真正令人发疯的不是今日的负担，而是对昨日的悔恨及对明日的恐惧。悔恨与恐惧是一对孪生窃贼，将今天从你我身边偷走。

幸福就在我们身边

我们四处追逐幸福，而幸福其实就在我们身边。

一天，我问哥哥伊恩："你幸福吗？"他回答说："可以说幸福，也可以说不幸福，这要看你指什么了。"

"那你告诉我，"我说，"你最近一次感到幸福是什么时候？"

"1967 年 4 月。"他答道。

伊恩的回答给了我们一个启示：我们想到的幸福的事通常是一些非同寻常的事，是一种极大的纯粹的快乐。但是随着年龄的增长，像这样快乐的时间好像越来越少了。

对一个孩子来说，幸福是有魔力的，幸福可能是曾在新割的干草丛中捉迷藏；在树林里玩"警察与小偷"；在学校的戏剧里扮演有台词的角色。当然，孩子也有情绪低落的时候。但是，因为赢得一场比赛，或得到了一辆新自行车，他们会毫不掩饰地快乐到极点。

到了青少年时期，我们的幸福观逐渐转变。突然间，幸福就建立在冲动、爱情、名气甚至是脸上的青春痘能否在晚会前消失这样的事上。你是否清楚地记得，当大家都被邀请去参加一个舞会时，没被邀请的你有多痛苦。但你是否也记得，在另一次活动中，人群中的你被选中与人共舞时的兴奋。

成年后，也许最令人喜悦的是爱情、婚姻和生育。这些同样也带给我们责任与失去的风险。爱情可能会消逝，心爱的人可能会死去。对于成人来说，幸福很复杂。

有些人对幸福的定义是"幸运"或"好运"，但也许对幸福更好的定义是"享受的能力"。更多地享受我们拥有的一切，我们就能更多地享受幸福。但是，爱与被爱，友人的陪伴，在喜欢的地方生活的自由，甚至健康的体魄，从这些之中得到的快乐却很容易被我们忽视。

我们回想一下那些细小的幸福瞬间。比如，家里就只剩你自己，独享整个房间，感觉无比幸福。整个早上都没人打扰我写字，这也让我幸福。孩子们回到家，那寂静一天后的热闹也让我幸福。

你永远不会知道幸福下一次会在什么时候出现。当你问起朋友，什么能给他们带来幸福时，有些人会提到一些看似微不足道的小事。"我讨厌购物，"一个朋友说，"但有些健谈的售货员的确令我很开心。"

另一个朋友喜欢接电话，"每次电话一响，我就知道有人想我了。"

比如，有人喜欢开车的刺激。一天，当你停下来，好让一辆学校班车拐到路边。那个司机咧嘴一笑，会意地冲你竖起大拇指。这种无声的交流让你很高兴。我们都有过类似的经历，但很少有人能意识到这就是幸福。

心理学家告诉我们，幸福既需要愉快的休闲时间，也需要满意的工作。

杰森的曾祖母让他很疑惑——她养育了 14 个孩子，还要给别人洗衣服，两样都要兼顾。但她有一群亲密的朋友，还有和睦的家庭。或许，这已使她很满足了。如果说她因自己拥有的一切而感到幸福，或许是因为她只希望生活平平凡凡吧。

另一方面，因为有太多的选择及想在各个领域成功的压力，我们把幸福变成"必须得到"的一种东西。我们自私地以为我们有"权"得到它，这让我们痛苦。所以我们追求幸福，并将它同财富和成功联系起来，而没有意识到拥有这些的人并不一定更幸福。

对我们来说，幸福是复杂多样的，但获得幸福的方式却是相似的。幸福不是发生在我们周围的事，而是我们如何去看待周围发生的事。这是从祸中寻福，化挫折为挑战的秘诀。幸福并不是乞求我们未得到的，而是享受我们此刻所拥有的一切。

能忘却烦恼的书店

　　无论你是爱书的人或是仅仅想买一本书作为礼品，在书店里度过的时光或许是最令人愉快的。你甚至可能仅仅是为了躲避突如其来的阵雨而进入书店。不管出于什么原因，不一会儿，你就会全然忘却周围的环境。

　　挑一本护封吸引人的书，这种欲望不可抗拒。不过这种挑书方式是不可取的，因为你最终挑选的很有可能不过是一本枯燥无味的书。

　　如果你很快就沉浸在某一本书之中，通常要在好长时间之后才意识到在书店待得太久了，得赶紧去赴一个已抛到脑后的约会。当然，书是没买成。

　　在这样的场所，你可以尽兴地逛来逛去。如果这是一家好书店，就不会有店员向你走过来，老一套地问候一句："先生，能为您效劳吗？"你可以尽情浏览。

　　当然你可能想知道某一个分区在哪儿，到那时候——只有到那时候——才需要他的服务。但是他一旦把你领到那儿，就应当彬彬有礼地离开，仿佛对卖书一点也不感兴趣。

　　面对书店各色各样图书的吸引，你得格外小心。因为很容易发生这样的事：你走进一家书店，本想寻觅一本古钱币方面的书，可出来时却拿着一本最新的畅销小说。书店之所以吸引人，主要是因为它能为人们提供逃避现实生活的机会，但能提供这样机会的地方并不太多。

岁月沉淀的力量

在你珍藏的众多宝贝中，你还能找出那些泛黄的便条吗？

一件件你从遥远他乡带回来的纪念品；自从你跨进那间工学院的门槛以来留存下来的，记录了你青葱岁月的大学课本；一盒盒旧磁带，封套也早在某次宿舍狂欢派对后不见踪影；还有一张张老照片，照片上的同学你也叫不上名字。在这些旧物中可有那泛黄的便条？会不会是藏在暗处，跟那本你买了但一直没有看的书放在一起，也可能是跟那些一无所用的礼品或者那些没写完、没寄出的信放到一块儿了。

如果你的便条还在，就在这城市里，在这间你从没来过的房子里，想象一下你在这间房子里的情景。即使你不在，它们都会留守在家。现在即使上街，我也会把房间的灯打开，音乐放着，这样在我回家的时候就会有种错觉，觉得家里有人在等着我的归来。

偶尔，不是经常，但总有那么些时候，你很渴望回到那些眼泪和欢笑都来得容易的日子。还记得以前，情感可以在瞬间轻易地从狂喜转至绝望。他人几句恭维的话能让自己开心上好几小时，而旁人的一句冷语能让自己感觉就像利针刺肤般难受，而如今自己的肌肤早已干涩麻木。也许跟世上数百万普通人一样，你会从拥挤的公车上朝窗外望，茫然出神，不解何故自已也会如此。

那是个下雨的星期天下午，我们坐在我那狭小的宿舍房间里，谈天说地，我们聊得很起劲。那时，我们感觉可以就那样一直聊下去，永远都不厌倦。

然而突然有一天，我们变得寻寻觅觅。你老是在别的地方，做着别的事情，奇怪的是，别人也一样。你在一次旅途上认识了一群新朋友，有了跟你喜欢同一些电影的男生。你也有了那个跟你请教数学问题的邻家女生。她的房门总是锁上，你的也不例外。突然间，大家好像都找到了彼此之外的一个全新境界。

也就从那时候开始，我会在门上贴那些便条。当我回到家的时候，就会发现在便条的空隙地方有你的新留言。如果我们现在都还保留着这些便条，它们一定可以把我们的故事叙述得更好。

感受生命的力量

在日本的第一年，小林曾搭便车旅行，到过很多渔村。

在一个小村子里，他有幸遇见了一个特别的人。一个60多岁，腿瘸得很厉害的老人。他告诉小林，自己年轻时曾热衷于空手道，但是25岁那年，在父亲的渔船上干活时不慎受伤，从此成了残疾人。

一天夜里，他们坐在外面的小木码头上，老人向小林讲起了自己的人生。他说，当意识到自己再也不能积极参加空手道运动时，他便下定决心，为了进一步研究武术，此生甘愿做个渔民。他阅读了各种各样的武学书，并将学到的知识运用到工作生活中。

他说："我学到的最重要的一样东西是创造一种与大自然的节律相协调的自身存在、运动和呼吸的节律。我读过的书中许多武术大师都提到过节律这个词。"

他们坐在水边，老人邀小林关注大海的潮涨潮落，聆听潮水拍打木桩的声音。"就像关注你自己的运动和呼吸那样，去感受大海的运动和声音，体会如何与潮汐的节律相协调。"

小林开始按他的建议去做，很快感到自己正被引入一个常常忽视或根本没有注意过的相似的世界。

小林说："感受大海的生命力，与大海一起呼吸。感受大海的生命力，不做任何事，让自己与大海一起运动……呼吸，运动，感受自己的心跳……让自己的心跳与大海的心跳同步。"

现在他们渐渐与海水融为一体，体内的液体开始变成很微小却能量巨大的海洋，起伏遍及他们周身的系统。

现在就像大海一样，你能感受到没有阻碍的流动的力量，感受到没有与之抗衡的流动的力量。

海水包围并通过了所有障碍。没有靠强力，也无须强力。"只是流动……力量就在流动中，每一滴水都是顺从的、柔软的。没有哪滴水自身是强大的。"

你感受到了大海、自己和老渔夫的力量和存在。你们不是分散开的，而是合而为一。你非常清楚地知道所有的力量实际上都是一体的。

你就是那微小的水滴。

你的生命沉浮能反映出所有生命的沉浮。当你平静下来，放慢节奏，与周围环境融为一体的时候，你就会认识到大自然对于生命的看法是相似的。可看作"我"的小水滴是生命海洋中不可或缺的一部分。当个人的精神同宇宙万物的精神结合在一起的时候，你的力量才会最完美地展现出来。

深呼吸，平静下来，开始关注并欣赏周围世界的沉浮……你会发现宇宙的力量正是滋养你生命的力量。

成功就在对面

每个人都渴望获得成功。有些人以此为目标，而有些人则多言寡行。当别人获得成功时，我们都知道什么是成功。在很多时候，成功看起来似乎遥不可及。而事实上，成功比你想象的要容易得多。成功只不过就在对面。你必须对成功充满渴望，必须心甘情愿去获取它。

1. 成功在恐惧的对面

恐惧是最大的障碍。有对失败的恐惧，对他人评价的恐惧，对真正获得成功的恐惧。恐惧时常会把你绊倒，它会使你做出那些在当时看似"正确"的决定，而这些决定却会妨碍你真正去克服那些困难。

2. 成功就在托词的对面

成功没有任何托词。要么成功，要么失败。寻找托词不朝成功之路再迈进一步之时便是你不再获得成功之日。在成功的交响曲中，托词不过是噪声而已。

3. 成功在障碍的对面

每个人都要面临各种变化，这些变化随着时间的不同而不同。同样的挑战若是对应方式不同，得到的结果也各不相同。重要的是，你如何应对每一个变化以及如何处理那些重要的结果。面对障碍，你要么找到出路，要么让它成为你的"拦路虎"。要记住，为了获得成功，你必须穿越障碍。

4. 成功在失败的对面

并非事事都行得通。即使是同样的一件事，对他人起作用，对我们却不一定有效。即使如此，那又如何呢？失败既可以成为障碍，成为托词，也可以化身为给予你指导的老师。这需要付出努力，需要承担责任，需要坚持到底。

人们有理由称之为通向成功的阶梯——因为你需要借助这个梯子才能到达某个地方。但它不是自动扶梯，你不能在那儿站着不动，让自动扶梯为你工作。你得身体力行。有时你会轻而易举，有时你则肩负重任。阶梯保持原样，成功仍在对面等待。你需要决心和毅力去穿越那堵障碍之墙。

那么，你希望在哪一边？

与其假装过日子，不如实地体会生命

在这一天出去远足再好不过了，孩子们对此兴奋不已。远足是个挺好的锻炼，也是和家人共享时光的好方法。

丹尼尔10岁，韦斯7岁。他们已经花了一上午时间挤在一起翻看户外运动用品商店的宣传册上那些复杂的装备，这些装备对这趟阿巴拉契亚山道之行来说绰绰有余。

我们平时在文字中品味大自然的时间要比我们亲身融入大自然的时间更多。于是丹尼尔和韦斯的妈妈跟孩子们说："小伙子们，背上咱们那些小背包就可以了，咱们今天下午出去走个痛快。"俗话说，再远大的志向也不如实际迈出的一小步，孩子们打心眼儿里表示同意。

午饭过后，他们立即前往山道的起点。这时，查克也加入他们之中并打头阵。孩子们背着鼓囊囊的背包，头顶阔边帽，手拿水壶，一起走在前面，很快他们就捡到了"手杖"。韦斯带着他的全部装备费劲地沿山道蹒跚而行，看见此景妈妈笑了起来。他慢吞吞地跟在哥哥们的后面，努力不被他们落下，但他一句抱怨的话都没说。

他们顺着建在山坡上的土阶往山顶上走。妈妈最终还是询问韦斯是否要帮他拿一会儿背包，他笑而不语，将"装备"递给了妈妈。

孩子们安静地走着，尽量"不留下任何痕迹"。空气中弥漫着秋日的芬芳，清新甜美。道旁的黄花草摇曳着，朵朵金黄。他们跨过一座人行桥，桥下一条小溪在鹅卵石间穿行。他们行至树林尽头，一眼望去，成亩的玉米在起伏的田地中生长。

妈妈一路拿着韦斯的背包，终于还是开口问他："韦斯，这包里装的什么啊？""一台计算器。"他说。

妈妈以为听错了，还以为是什么什锦干果啦，几个苹果啊，甚至一些牛肉干啊，这些都是带在背包里不错的选择。也许他会带上一本野营指南、望远镜，或者是梭罗的散文。任何这些东西都讲得通，不过韦斯却说是"一台计算器"。

"韦斯，包里还有其他东西吗？"

"没了。"

"伙计，这包可不轻啊。你还带着一些书吧？"

"没有，就是一台计算器。"

他坚持说背包里只有一台计算器，妈妈忽然意识到他所谓的"计算器"是什么东西了。他说的是在几周以前就扔在一边的那台巨大的桌上机械加法机！这东西还配备一条电源线和一卷纸。

"你为什么把那台加法机放进背包？"

"我只是想让背包里有点东西。"他说。

孩子们是有趣的，他们也总能给我们带来惊喜。妈妈意识到，能有一个小男孩和你一起远足是一件千金不换的事。

与其浪费珍贵的生命看着电视中的人们假装过日子，不如自己切实地体会生命。活着是件美好的事，而且你的身边有人希望得到你的爱。走出家门和家人一起做些什么吧，在你还可以的时候与那些爱你的人共处吧：旅游、骑单车、海边散步、遛狗、外出照相、出去喝杯咖啡吃个饭。

如果你想不出更好的主意，那就在背包里塞上一台"计算器"，和家人一起去远足吧。

过往一切皆是礼物

那年的圣诞前夕，波士顿的街道上路人熙熙攘攘，游客和本地人都裹着厚厚的绒衣。购物者、小贩和路人把我围在中间。街旁商店播放着圣诞歌曲，走到哪里都能听到《结霜的雪人》、《下雪吧》和《铃儿响叮当》。人行道上，街头音乐家卖力地表演着。似乎每个人都有人陪伴，人人脸上都绽放出幸福的笑容。

安迪出生在波多黎各一个大家庭，也是家里的长子，下面还有10个弟弟妹妹，从小生活在纽约城拥挤的租住房里。大部分时间，他都在寻求片刻的孤独。此时此刻，这个27岁的大学生，结束了一段7年的恋情，终于得到了他想要的孤独，可他却怎么也高兴不起来。他想一个人静一静，但不是在圣诞节。他的家人已经返回了波多黎各，朋友都放假回家了，认识的人都有自己的生活。天色已晚，想到要回空落落的宿舍，眼泪就不争气地冒了出来。城市里华灯初上，从门窗透出的闪烁灯光仿佛在召唤着我，安迪多希望有人会打开房门，邀请他走进温暖的房间，房内有挂满彩条的圣诞树，天鹅绒的树摆上点缀着闪亮的雪花和包好的礼物。

安迪在集市边停下脚步，看到人们纷纷忙着购物，心中感到愈加失落。大枣、无花果干、核桃和山核桃，还有带壳的榛子，让他想起小时候在波多黎各收到的圣诞礼物。

在街道尽头的教堂前，有人摆放了一条马槽，玛丽、约瑟夫和马厩里的动物们都在期待着午夜到来。安迪和邻居们站在那里看着这幅场景，有些人手画十字、低头祷告。在回家的路上，安迪意识到约瑟夫和玛丽挨家挨户寻求庇护的故事就如同自己的经历。离开波多黎各始终是安迪心头难以化解的痛楚，在美国生活的 15 年里，他的内心始终充满痛苦的挣扎。安迪一直在为自己所失去的感到难过，但那一刻，他第一次意识到自己获得了什么。

有时候，你送给自己的礼物才是最好的礼物。那个圣诞节，安迪送给自己的是肯定和许诺，肯定自己过去的努力，许诺自己将不惧一切，奋勇向前。

每一天都是全新的开始

不一定非得从 1 月 1 日开始，你才有机会最大限度地利用你的每一天。其实每一天都是一个全新的开始，让我们去学习、成长，发掘自身的优势，让自己从过去的悔恨和伤痛中痊愈，变得更加睿智。每一天，我们都可以从过去吸取的经验教训中重塑自我，调整自我。去改变生活中那些无益的事情，永不为晚。改变旧式思维，期待一个完全不同的结果。

保持机警，懂得变通，保持开放的心态去开始全新的每一天！灵活变通是关键！

问问自己：你每天都是怎么醒来的？是否在你醒来的时候，你已经感到压力重重和慌张仓促？你是否一切照常完成上午例行事务，而根本没有想太多关于你要做什么去开始新的一天？

不如这样：每天伊始，让自己停顿一下，深呼吸并想一下这一天中的积极目标。不仅要想想你想做什么，还要思考你想以什么样的状态度过今天。

每一天都是一个全新的开始，就像一张白纸。你想怎样度过你的每一天？把它想象成一匹白色的布——你想在上面画上什么，你能创作出什么？如果你醒来时心态消极，很大可能就会让这一整天都蒙上深色的基调，而你的画布上也不会体现出希望、快乐和喜悦。

如果你积极地看待每一天，对于如何度过每一天都有积极的目标，那么你的生命会有怎样的不同？你的积极目标又会带来什么样的好结果？

每天都拥有积极目标会有什么作用？那就是每一天你都能收到"感恩"这份大礼。

在脑海里构想你的一天，有助于让你释放正面能量，你也能够从你的周边吸取更多的正面能量。不要带着陈旧的观点过下去，每一天都是从不同角度重新计划和审视一切的好机会。

你可以这样度过每一天，对世间万物和一切美好都心存敬畏，而你自己也正是这美好世界的一部分。你就会发现你已经从原来的那个"我不能"的思维模式切换到了"我可以"。

保持积极的心态，你会感到力量无穷，你更像一个"胜利者"而不是一个"受害者"。

活在当下，才更有可能充实地过好现在的每一天每一刻。毕竟，过去只是留作回忆，而你不会想生活在过去！

所以为何不在每天伊始的时候，花一点儿时间思考一下今天的积极目标呢？每天早上都把自己的目标写下来，每天晚上反思你所做的！

人生的转角

生活用它自己的方式不断向我们抛出曲线球。当我们刚开始和某人融洽相处，或是适应一个地方或一种境况时，某事就发生了，改变了一切。很好的邻居要搬家了；家里的某个成员毕业了；孩子在婚姻殿堂里寻获忠诚；家里养家糊口的主力军被解雇了。

我们应对变化以及混乱情况的能力在很大程度上影响着我们对生活的满意度。

但我们该怎么做？哲人们已经思考这个问题好几个世纪了，但他们的回答各不相同。纪伯伦也曾敦促他的听众去"让今日用记忆拥抱昨日，用渴望拥抱未来"。

克里斯，美国加利福尼亚州的一位冲浪爱好者，他曾说，生活中所有问题的答案都能归为四个字——"随遇而安"。

"就像冲浪，"克里斯解释道，"你无法掌控大海，波浪随意荡起。你乘着浪任其领着你向前冲，然后，你伏身于冲浪板往回划水至某处，接而踏乘下一个浪。当然，你总会希望等到那个完美的浪头，就像你知道的那种滚筒浪。但大多数情况，也就是随波逐流，这不是什么登天难事，你知道的。"

其实，克里斯是想告诉我们，生活是由一连串事件组成的，其中有好有坏。不论你的统筹技巧有多纯熟，总会有些你无法控制的因素影响着我们的生活。真正的成功者料想到意料之外的事总会发生，并做好准备在必要时做出调整，而这样的情况常常发生。

那并不意味着你不需要不断努力去实现你的梦想。意思只是说，当计划以外的事发生时，你得去处理，然后继续前进。当然，人生沿途出现的一些"颠簸"要比另一些容易处理。比如，因为下雨要取消野餐，总比自己所爱的人突然去世更容易处理。但原理是相同的。

"改变确实给人带来痛苦，但改变却是永远必需的。"哲人托马斯·卡莱尔说道，"并且，如果记忆拥有其力量和价值，那么希望也同样拥有。"

我们会想念像那些毕业离家的孩子、那位搬走的邻居或那些新婚的儿女一样。但我们与其沉湎于分离所带来的哀伤中，倒不如把期盼聚焦于一个更光明的未来——为他，也为我们自己。然后，我们将走出去，尽我们的一切力量去实现梦想中的未来，直到我们的计划再次改变。

快乐源于敞开心扉

很多时候我们都是躲在自己的小屋里等着别人来敲门，我们竖起耳朵仔细倾听，却不知道原来这个世界上有很多人都在孤独里等着我们去营救。

又一天结束了，佐治亚百货公司的大门慢慢关上，售货员苏姗收拾好东西，准备搭地铁回住所，等待她的是一顿孤单凄凉的晚餐。她唯一的生活乐趣便是饭后钻入一本小说的世界中。

纽约这样的大都市，拥有数百万人口，每天人来人往，有欢笑，也有惊奇，却没有任何一个人注意到你的存在，这世界上还有比这里更荒凉的沙漠吗？ 苏姗一想到自己像只受惊的小兔子，蜷缩在自己的小天地中便顿感冷清无比。

这还不是最难过的，反正她可以在阅读各种爱情小说中，与书中女主角共度欢笑悲伤，让时间慢慢流逝；但是到了深夜，一个人躺在床上，这才是最难熬的时光，她不知道，是否每个正常人都会有这种感受。

这种日子已经过了几个月，她不知道该如何是好，她不知道怎样才能交到朋友，尤其是知心的男友，难道大学四年毕业之后，面对的就是这种生活吗？当初在学校并没有教我们如何克服这种寂寞啊！

难得一见的冬日暖阳自窗外照进来，此时苏姗已坐在佐治亚公司人事经理的办公室内，她不知道自己怎么会来这儿见经理洛丽塔女士，也不知道自己怎能对着她侃侃谈出自己的情况，因为她一向不善于表达自己，以往这种情形总是令她手足无措，说不出话来。

"只要你愿意，我可以帮你攻克难关，并且交到朋友，不过首先，你必须抛开那些爱情小说，不要再读那些虚幻不真实的小说来自欺欺人；还有，你在公司的工作很有发展潜力，我希望你努力干，有一天能升到广告部门的执行组，也正因为如此，你更需要多学一些绘画及用色方面的技巧，利用晚上的时间到艺术学校去选修些课程吧。最重要的是，你不要再整个晚上窝在家里了。找些事情让自己摆脱那些虚幻的精神安慰品，它们就像吗啡一样有害。"

"其实，年轻人只要肯出去参加活动，很容易交到朋友，只要你学着去表现自己的特点，做个活泼的女孩，一定会有许多人爱上你的。你一定听别人说过某人看起来颇有内涵，可是令人乏味。就好比说没有人喜欢只吃白饭，不配些菜吧！可是偏偏我们所受的教育就是要求我们纯净如一张白纸，现在我们应该有所改变，做我们自己想做的事了。"

"要注意看别人做什么，听别人说什么，让自己成为一个好伴侣，不要轻信别人的谗言，除非你也能给予别人一些回馈，现在这世上已经不会有人白白对你好了。"

不久之后，苏姗的生活真的变得多彩多姿，她特地来当面感谢洛丽塔女士。这位干练的经理笑着调侃："你以为我这人事经理是白干的吗？"不错，苏姗已经克服她的困难，她真没想到只是学着当个好听众，就赢得了那么多的友谊。她想起这正如同洛丽塔女士曾经告诉她的："大多数的人，自我意识都很浓，都希望尽量有表达自我的机会，所以，你根本不必担心该说什么，只需要静静地、专心地听对方说，这就够了。"

原来，良好的人际关系这么简单，以往苏姗把自己关在小天地中，拒绝和别人沟通，现在，情况完全不同了。

"人与人的接触也是一种艺术，在我不断与人交往的经验中，我终于了解到，生活中培养感情的最佳途径便是放开胸怀，坦诚以对，一声招呼，一张微笑的脸，借着聊天，就是了解彼此，增进友谊最直接的方法，只是躲在小天地中，等着别人来找你，是最愚蠢的想法，主动地伸出友谊之手吧！"

第六章

放弃"我执"，心静则通

做人不可过于执着

苏轼善作带有禅意的诗，曾写一句："人似秋鸿来有信，事如春梦了无痕。"这两句诗充分地将"无常"现象告诉世人。南怀瑾对苏轼这首诗的解释非常有趣："人似秋鸿来有信"，即苏轼要到乡下去喝酒，去年去了一个地方，答应了今年再来，果然来了；"事如春梦了无痕"，意思是一切的事情过了，像春天的梦一样，人到了春天爱睡觉，睡多了就梦多，梦醒了，留不住也无痕迹。

人生本来如大梦，一切事情过去就过去了，如江水东流一去不回头。老年人常回忆，想当年我如何如何……那真是自寻烦恼。

人世的一切事、物都在不断变幻。万物有生有灭，没有瞬间停留，一切皆是"无常"，如同苏轼的一场梦，繁华过后尽是虚无。如果人们能体会到"事如春梦了无痕"的境界，那就不会生出这样那样的烦恼了，也就不会陷入怪圈，不能自拔。

著名作家张爱玲对于繁华的虚无便看得很透。她的小说总是以繁华开场，却以苍凉收尾，正如她自己所说："小时候，因为新年早晨醒晚了，鞭炮已经放过了，就觉得一切的繁华热闹都已经过去，我没份了，就哭了又哭，不肯起来。"

张爱玲生于上海，她的祖父张佩纶是当时的文坛泰斗，外曾祖父是权倾朝野、赫赫有名的李鸿章。凭着对文字的先天敏感和幼年时良好的文化熏陶，张爱玲 7 岁时就开始了写作生涯。

优越的生活条件和显赫的身世背景并没有让张爱玲从此置身于繁华富贵之乡，相反，繁华的背后是她在幼年便饱尝了很多不为人知的痛苦。

其实，纸醉金迷只是一具华丽的空壳，在珠光宝气的背后通常是人性的沉沦。沉迷于荣华富贵的人通常是肤浅的人，在繁华落尽时会备受煎熬。转头再看，执着于尘俗的快乐，执着于对事物的追求，往往最受连累的就是自己，因为你常会发现，你所执着的事物并不有趣，反而有时令你一无所得。

真正的虚空是没有穷尽的，它没有切断昨天、今天、明天，也没有切断过去、现在、未来，永远是这么一个虚空。天黑又天亮，昨天、今天、明天是现象的变化，与这个虚空本身没有关系。天亮了把黑暗盖住，黑暗真的被光亮盖住了吗？天黑了又把光明盖住，互相更替。因此，切勿执着。

不幸人的一大共性：过分执着

偏激和固执像一对孪生兄弟。偏激的人往往固执，固执的人往往偏激。心理学对此有一个专业术语：偏执。

偏执的人总是喜欢以自己的标准来衡量一切，以自己的喜怒哀乐决定一切，缺乏客观的依据。一旦别人提出异议，就立刻转换脸色,对别人正确的意见也听不进去。

偏执的人往往极度敏感,对侮辱和伤害耿耿于怀,心胸狭隘;对别人获得成就或荣誉感到紧张不安,妒火中烧,不是寻衅争吵,就是在背后说风凉话,或公开抱怨和指责别人;自以为是,自命不凡,对自己的能力估计过高,惯于把失败和责任归咎于他人,在工作和学习上往往言过其实;总是过多过高地要求别人,但从来不信任别人的动机和愿望,认为别人心存不良。

喜欢走极端,是具有偏执心理的一大特色,与其头脑里的非理性观念相关联。因此,要改变偏执行为,首先必须分析自己的非理性观念。如:

(1)世上没有好人,我只相信自己。

(2)对别人的进攻,我必须立即给以强烈反击,要让他知道我比他更强。

(3)我不能表现出温柔,这会给人一种不强健的感觉。

现在对这些观念加以改造,以除去其中极端和偏激的成分。

(1)世上好人和坏人都存在,我应该相信那些好人。

(2)对别人的进攻,马上反击未必是上策,我必须首先辨清是否真的受到了攻击。

(3)不敢表达真实的情感,是虚弱的表现。

每当故态复萌时,就应该把改造过的合理化观念默念一遍,来阻止自己的偏激行为。有时自己不知不觉表现出了偏激行为,事后应重新分析当时的想法,找出当时的非理性观念,然后加以改造,以防下次再犯。

另外，还可以从以下几方面治愈偏执心理：

1. 学会虚心求教，不断丰富自己的见识

常言道："天外有天，人外有人。"应该学习别人的长处，认识到自己的肤浅。全面客观地看问题，遇到问题不急不躁，冷静分析。

2. 多交朋友，学会信任他人

鼓励他们积极主动地进行交友活动，在交友中学会信任别人，消除不安感。

交友训练的原则和要领是：

（1）真诚相见，以诚交心。要相信大多数人是友好的，是可以信赖的，不应该对朋友，尤其是知心朋友存在偏见和不信任的态度。必须明确交友的目的在于克服偏执心理，寻求友谊和帮助，交流思想感情，消除心理障碍。

（2）交往中尽量主动给予知心朋友各种帮助。这有助于以心换心，取得对方的信任、巩固友谊。尤其当别人有困难时，更应鼎力相助，患难中知真情，这样才能取得朋友的信赖、增进友谊。

（3）注意交友的"心理兼容原则"。性格、脾气相似或一致，有助于心理相容，搞好朋友关系。另外，性别、年龄、职业、文化修养、经济水平、社会地位和兴趣爱好等亦存在"心理兼容"的问题。但是最基本的心理兼容条件是思想意识和人生观、价值观的相似或一致，即所谓的志同道合。这是发展合作、巩固友谊的心理基础。

3. 要在生活中学会忍让和克制

在生活中，冲突纠纷和摩擦是难免的，这时必须忍让和克制，不能让敌对的怒火烧得自己晕头转向，肝火旺盛。

4. 养成善于接受新事物的习惯

偏执常和思维狭隘、不喜欢接受新东西、对未曾经历过的事情感到担心相联系。为此，我们要养成渴求新知识，乐于接触新人新事，学习其新颖和精华之处的习惯。只有这样，我们才能不断地提高自己，减少自己的无知和偏执。

琐事不能太较真

有一句著名的话叫作"唯大英雄能本色"，做人在总体上、大方向上讲原则、讲规矩，但也不排除在特定的条件下灵活变通。

人们常说："凡事不能太较真。"对于一件事情是否该认真，要视场合而定。钻研学问要讲究认真，面对大是大非的问题更要讲究认真。而对于一些无关大局的琐事，不必太认真。不看对象、不分地点刻板地认真，往往使自己处于尴尬的境地，处处被动受阻。每当这时，如果能理智地后退一步，往往能化险为夷。

"海纳百川，有容乃大。"与人相处，你敬我一尺，我敬你一丈；有一分退让，就有一分收益。相反，存一分骄躁，就多一分挫败；占一分便宜，就招一次灾祸。

当你心胸开朗、神情自若的时候，对于那些蝇营狗苟、一副小家子气的人，就会觉得他们的表演实在可笑。但是，人都有自尊心，有的人自尊心特别强，因而也就特别脆弱，稍有刺激就会有反应，轻则板起脸孔，重则马上还击，结果常常是为了争面子反而没面子。多一点儿宽容退让之心，我们的路就会越走越宽，朋友也就越交越多，生活也会更加甜美。所以，要想成为一个成功的人，我们千万不能处处斤斤计较。

许多非原则的事情不必过分纠缠计较，凡事都较真常会得罪人，给自己多设置一条障碍。无关大局的枝节无须认真，剑拔弩张的僵持则更不能认真。

为了有效避免不必要的争论和较真，我们大致可以从以下几个方面做起：

1. 欢迎不同的意见

当你与别人的意见始终不能统一的时候，就要舍弃其中之一。人的脑力是有限的，很难想到所有方面，而别人的意见可能是从另一个角度提出的，总有些可取之处。这时你就应该冷静地思考，或两者互补，或择其善者。如果采取的是别人的意见，就应该衷心感谢对方，因为此意见可能使你避开了一个重大的错误，甚至为你奠定了成功的基础。

2. 不要相信直觉

人大都不愿意听到与自己不同的声音。当别人提出与你不同的意见时，你的第一反应是要自卫，为自己的意见进行辩护并竭力去寻找根据，这完全没有必要。这时你要平心静气地、公平谨慎地对待两种观点（包括你自己的），并时刻提防你的直觉（自卫意识）对你做出正确抉择的影响。

3. 耐心把话听完

每次对方提出一个不同的观点，不能只听一点就开始发作，要让别人有说话的机会。一是尊重对方，二是让自己更多地了解对方的观点，以判断此观点是否可取，努力建立了解的桥梁，使双方都完全知道对方的意思，不要弄巧成拙。否则，只会增加彼此沟通的障碍和困难，加深双方的误解。

4. 仔细考虑反对者的意见

在听完对方的话后，首先想的是去找你同意的意见，看是否有相同之处。如果对方提出的观点是正确的，则应放弃自己的观点，考虑采取他们的意见。一味地坚持己见，只会使自己处于尴尬境地。

5. 真诚对待他人

如果对方的观点是正确的，就应该积极地采纳，并主动指出自己观点的不足和错误的地方。这样做，有助于解除反对者的"武装"，减少他们的防卫，同时也缓和了气氛。

不要让小事牵着鼻子走

有一种不起眼的动物叫吸血蝙蝠，它的身体极小，却是野马的天敌。这种吸血蝙蝠靠吸食动物的血生存。在攻击野马时，它常附在野马腿上，用锋利的牙齿迅速、敏捷地刺入野马腿里，然后用尖尖的嘴吸食血液。无论野马怎么狂奔、暴跳，都无法驱逐。吸血蝙蝠可以从容地吸附在野马身上，直到吸饱才满意而去。野马往往是在暴怒、狂奔、流血中无奈地死去。

动物学家们百思不得其解，小小的吸血蝙蝠怎么会让庞大的野马毙命呢？于是，他们进行了一项实验，观察野马死亡的整个过程。结果发现，吸血蝙蝠所吸的血量是微不足道的，远远不会使野马毙命。但通过进一步分析得出结论：一致认为野马的死亡是它暴躁的习性和狂奔所致，而不是因为吸血蝙蝠吸血致死。

一个理智的人，必定能控制住自己的情绪与行为，不会像野马那样为一点儿小事抓狂。当你在镜子前仔细地审视自己时，你会发现你既是自己最好的朋友，也是自己最大的敌人。

上班时堵车堵得厉害，交通指挥灯仍然亮着红灯，而时间很紧，你烦躁地看着手表的秒针。终于亮起了绿灯，可是你前面的车子迟迟不开动，因为开车的人思想不集中，你愤怒地按响了喇叭，那个似乎在打瞌睡的人终于惊醒了，仓促地挂上了一挡，而你却在几秒里把自己置于紧张而不愉快的情绪之中。

美国研究应激反应的专家理查德·卡尔森说："我们的恼怒有80％是自己造成的。"这位加利福尼亚人在讨论会上教人们如何不生气。卡尔森把防止激动的方法归结为这样的话："请冷静下来！要承认生活是不公正的，任何人都不是完美的，任何事情都不会按计划进行。"

"应激反应"这个词从20世纪50年代起才被医务人员用来说明身体和精神对极端刺激（噪声、时间压力和冲突）的防卫反应。

现在研究人员知道，应激反应是在头脑中产生的。即使是在轻微的恼怒情绪中，大脑也会命令分泌出更多的应激激素。这时呼吸道扩张，大脑、心脏和肌肉系统吸入更多的氧气，血管扩大，心脏加快跳动，血糖水平升高。

埃森医学心理学研究所所长曼弗雷德·舍德洛夫斯基说："短时间的应激反应是无害的。"他说，"使人受到压力是长时间的应激反应。"他的研究结果表明：61%的德国人感到在工作中不能胜任；有30%的人因为觉得不能处理好工作和家庭的关系而有压力；20%的人抱怨同上级关系紧张；16%的人说在路途中精神紧张。

理查德·卡尔森的一条黄金规则是："不要让小事情牵着鼻子走。"他说："要冷静，要理解别人。"他的建议是：表现出感激之情，别人会感觉到高兴，你的自我感觉会更好。

学会倾听别人的意见，这样不仅会使你的生活更加有意思，而且别人也会更喜欢你；要接受事情不成功的事实，天不会因此而塌下来，请忘记事事都必须完美的想法，你自己也不是完美的，这样生活会突然变得轻松许多。当你抑制不住自己的情绪时，你要学会问自己：一年前抓狂时的事情到现在来看还是那么重要吗？不为小事抓狂，你就可以对许多事情得出正确的看法。

现在，把你曾经为一些小事抓狂的经历写在这里，然后把你现在对这些事的看法也写下来，对比之下，相信你会有更深的认识。

下山的也是英雄

人们习惯于对爬上高山之巅的人顶礼膜拜，把高山之巅的人看作偶像、英雄，却很少将目光投放在下山的人身上，这是人之常理。但是实际上，能够及时主动地从光环中隐退的下山者也是"英雄"。

有多少人把"隐退"当成"失败"。曾经有过非常多的例子显示，对于那些惯于享受欢呼与掌声的人而言，一旦从高空中掉落下来，就像是艺人失掉了舞台，将军失掉了战场，往往因为一时难以适应，而自陷于绝望的谷底。

心理专家分析，一个人若是能在适当的时间选择做短暂的隐退（不论是自愿还是被迫），都是一个很好的转机，因为它能让你留出时间观察和思考，使你在独处的时候找到自己内在真正的世界。

唯有离开自己当主角的舞台，才能防止自我膨胀。虽然，失去掌声令人惋惜，但换一种思维看问题，心理专家认为，"隐退"就是进行深层学习。一方面挖掘自己的阴影，一方面重新上发条，平衡日后的生活。当你志得意满的时候，是很难想象没有掌声的日子的。但如果你要一辈子获得持久的掌声，就要懂得享受"隐退"。

作家班塞说过一段令人印象深刻的话："在其位的时候，总觉得什么都不能舍，一旦真的舍了之后，又发现好像什么都可以舍。"曾经做过杂志主编，翻译出版过许多知名畅销书的班塞，在他事业巅峰的时候退下来，选择当个自由人，重新思考人生的出路。

40岁那年，欧文从人事经理被提升为总经理。3年后，他自动"开除"自己，舍弃堂堂"总经理"的头衔，改任没有实权的顾问。

正值人生最巅峰的阶段，欧文却奋勇地从急流中跳出，他的说法是："我不是退休，而是转进。"

"总经理"三个字对多数人而言，代表着财富、地位，是事业、身份的象征。然而，短短三年的总经理生涯，令欧文感触颇深的，却是诸多的"无可奈何"与"不得而为"。

他全面地打量自己，他的工作确实让他过得很光鲜，周围想巴结自己的人更是不在少数。然而，除了让他每天疲于奔命，穷于应付之外，他其实活得并不开心。这个想法，促使他决定辞职，"人要回到原点，才能更轻松自在。"他说。

辞职以后，司机、车子一并还给公司，应酬也减到最低。不当总经理的欧文，感觉时间突然多了起来，他把大半的精力拿来写作，抒发自己在广告领域多年的观察与心得。

"我很想试试看，人生是不是还有别的路可走。"他笃定地说。

事实上，欧文在写作上很有天分，而且多年的职场经历给他积累了大量的素材。现在欧文已经是某知名杂志的专栏作家，其间还完成了两本管理学著作，欧文迎来了他人生的第二次辉煌。

　　事实上，"隐退"很可能只是转移阵地，或者是为了下一场战役储备新的能量。但是，很多人认不清这点，反而一直缅怀着过去的光荣，他们始终难以忘记"我曾经如何如何"，不甘于从此做个默默无闻的小人物。其实，走下山来，你同样可以创造辉煌，同样是个大英雄！

学会放下，退亦是进

　　生活中很多再平常不过的事情中都有禅理，只是疲于奔波的众生早已丧失了于细微处探究竟的兴趣和能力。其实，今天的我们已经不再是昨天的我们，为了在今天取得进步、重建自我，就必须放下昨天的自己；为了迎接新兴的，就必须放下旧有的。想要喝到芳香醇郁的美酒就得放下手中的咖啡；想要领略大自然的秀美风光就要离开喧嚣热闹的都市；想要获得如阳光般明媚开朗的心情就要驱散昨日烦恼留下的阴霾。

　　放得下是为了包容与进步，放下对个人意见的执着才能包容，放下今日旧念的执着才会进步。表面看来，放下似乎意味着失去，意味着后退，但其实在很多情况下，退步本身就是在前进，是一种低调的积蓄。

　　一位学僧斋饭之余无事可做，便在禅院里的石桌上作起画来。画中龙争虎斗，好不威风，只见龙在云端盘旋将下，虎踞山头作势欲扑。但学僧描来抹去几番修改，却仍是气势有余而动感不足。正好无德禅师从外面回来，见到学僧执笔前思后想，最后还是举棋不定，几个弟子围在旁边指指点点，于是就走上前去观看。学僧看到无德禅师前来，于是就请禅师点评。无德禅师看后说道："龙和虎外形不错，但其秉性表现不足。要知道，龙在攻击之前，头必向后退缩；虎要上前扑时，头必向下压低。龙头向后曲度愈大，就能冲得越快；虎头离地面越近，就能跳得越高。"学僧听后非常佩服禅师的见解，于是说道："老师真是慧眼独具，我把龙头画得太靠前，虎头也抬得太高，怪不得总觉得动态不足。"无德禅师借机说："为人处世，亦如同参禅的道理。退却一步，才能冲得更远；谦卑反省，才会爬得更高。"另外一位学僧有些不解，问道："老师！退步的人怎么可能向前？谦卑的人怎么可能爬得更高？"无德禅师严肃地对他说："你们且听我的诗偈：'手把青秧插满田，低头便见水中天；身心清净方为道，退步原来是向前。'你们听懂了吗？"学僧们听后，点头，似有所悟。

无德禅师此刻在弟子们心中插满了青秧，不知弟子们看见了秧田的水中天否？进是前，退亦是前，何处不是前？无德禅师以插秧为喻，向弟子们揭示了进退之间并没有本质的区别。做人应该像水一样，能屈能伸，既能在万丈崖壁上挥毫泼墨，好似银河落九天，又能在幽静山林中蜿蜒流淌，自在清泉石上流。

退一步海阔天空并非是一句空话。有退有进，以退为进，绕指柔化百炼钢，也是人生的大境界。

苛求他人，等于孤立自己

　　每个人都有可取的一面，也有不足的地方。与人相处，如果总是苛求十全十美，那么永远也交不到真心的朋友。在这一点上，曾国藩早就有了自己的见解，他曾经说过："盖天下无无瑕之才，无隙之交。大过改之，微瑕涵之，则可。"意思是说，天下没有一点儿缺点也没有的人，没有一点儿缝隙也没有的朋友。有了大的错误，要能够改正，剩下小的缺陷，人们给予包容，就可以了。基于此，曾国藩总是能够宽容别人，谅解别人。

　　在曾国藩读书时期，有一位同学性情暴躁，对人很不友善。因为曾国藩的书桌是靠近窗户的，他就说："教室里的光线都是从窗户射进来的，你的桌子放在了窗前，把光线挡住了，这让我们怎么读书？"他命令曾国藩把桌子搬开。曾国藩也不与他争辩，搬着书桌就去了角落里。曾国藩喜欢夜读，每每到了深夜，还在用功。那位同学又看不惯了："这么晚了还不睡觉，打扰别人的休息，别人第二天怎么上课啊？"曾国藩听了，不敢大声朗诵了，只在心里默读。一段时间之后，曾国藩中了举人，那人听了，就说："他把桌子搬到了角落，也把原本属于我的风水带去了角落，他是沾了我的光才考中举人的。"别人听他这么一说，都为曾国藩鸣不平，觉得那个同学欺人太甚。可是曾国藩毫不在意，还安慰别人说："他就是那样子的人，就让他说吧，我们不要与他计较。"

凡是成大事者，都有广阔的胸襟。他们在与别人相处的时候，不会计较别人的短处，而是以一颗平常心看待别人的长处，从中看到别人的优点，弥补自己的不足。如果眼睛只能看到别人的短处，那么这个人的眼里就只有不好和缺陷，而看不到美好的一面。生活中，每个人都可能会跟别人发生矛盾。如果一味地跟别人计较，就可能浪费很多精力。与其把自己的时间浪费在一些鸡毛蒜皮的小事上，不如放开胸怀，让自己有更多的精力去做更多有意义的事情。

一位在山中茅屋修行的禅师，有一天趁月色到林中散步，在皎洁的月光下，突然开悟。他喜悦地走回住处，看到自己的茅屋有小偷光顾。找不到任何财物的小偷要离开的时候在门口遇见了禅师。原来，禅师怕惊动小偷，一直站在门口等待。他知道小偷一定找不到任何值钱的东西，就把自己的外衣脱掉拿在手上。小偷遇见禅师，正感到惊愕的时候，禅师说："你走那么远的山路来探望我，总不能让你空手而回呀！夜凉了，你带着这件衣服走吧！"说着，就把衣服披在小偷身上，小偷不知所措，低着头溜走了。禅师看着小偷的背影穿过明亮的月光消失在山林之中，不禁感慨地说："可怜的人呀！但愿我能送一轮明月给他。"禅师目送小偷走了以后，回到茅屋赤身打坐，他看着窗外的明月，进入空境。第二天，他睁开眼睛，看到他披在小偷身上的外衣被整齐地叠好，放在了门口。禅师非常高兴，喃喃地说："我终于送了他一轮明月！"

面对盗贼，禅师既没有责骂，也没有告官，而是以宽容的心原谅了他，禅师的宽容和原谅终于换得了小偷的醒悟。可见，宽容比强硬的反抗更具有感召力。生活中，我们也应当像禅师那样，学会包容他人。

有一种智慧叫"弯曲"

人生之旅，坎坷颇多，难免直面矮檐，遭遇逼仄。

弯曲，是一种人生智慧。在生命不堪重负之时，适时适度地低一下头，弯一下腰，抖落多余的负担，才能够走出屋檐而步入华堂，避开逼仄而迈向辽阔。

人生之路，尤其是通向成功的路上，几乎是没有宽阔的大门的，所有的门都需要弯腰侧身才可以进去。因此，在必要时，我们要学会弯曲，弯下自己的腰，才可得到生活的通行证。

人生之路不可能一帆风顺，难免会有风起浪涌的时候，如果迎面与之搏击，就可能会船毁人亡，此时何不退一步，先给自己一个海阔天空，然后再图伸展。

妙善禅师是世人景仰的一位高僧。他于1933年在缅甸圆寂，其行迹神异，又慈悲喜舍，所以，直至现在，社会上还流传着他难行能行、难忍能忍的奇事。

在妙善禅师的金山寺旁有一条小街，街上住着一个贫穷的老婆婆，与独生子相依为命。偏偏这儿子忤逆凶横，经常喝骂母亲。妙善禅师知道这件事后，常去安慰这老婆婆，和她说些因果轮回的道理，逆子非常讨厌禅师来家里，有一天起了恶念，悄悄拿着粪桶躲在门外，等妙善禅师走出来，便将粪桶向禅师兜头一盖，刹那间腥臭污秽淋满禅师全身，引来了一大群人看热闹。

妙善禅师却不气不怒，一直顶着粪桶跑到金山寺前的河边，才缓缓地把粪桶取下来，旁观的人看到他的狼狈相，更加哄然大笑，妙善禅师却毫不在意。

有人问他："禅师，你不觉得难过吗？"

妙善禅师道："我一点儿也不会难过，老婆婆的儿子以慈悲待我，给我醍醐灌顶，我正觉得自在哩！"

后来，老婆婆的儿子为禅师的宽容感动，改过自新，向禅师忏悔谢罪，禅师高兴地开释他，受了禅师的感化，逆子从此痛改前非，以孝闻名乡里。

为人处世，参透屈伸之道，自能进退得宜，刚柔并济，无往不利。能屈能伸，屈是能量的积聚，伸是积聚后的释放；屈是伸的准备和积蓄，伸是屈的志向和目的。屈是充实自己，伸是展示自己。屈是柔，伸是刚。屈是一种气度，伸更是一种魄力。伸后能屈，需要大智；屈后能伸，需要大勇。屈有多种，并非都是胯下之辱；伸亦多样，并不一定叱咤风云。屈中有伸，伸时念屈；屈伸有度，刚柔并济。

　　人生有起有伏，当能屈能伸。起，就起他个直上云霄；伏，就伏他个如龙在渊；屈，就屈他个不露痕迹；伸，就伸他个清澈见底。这是多么奇妙、痛快、潇洒的情境啊！

改变世界，从改变自己开始

　　在威斯敏斯特教堂地下室里，英国圣公会主教的墓碑上刻着这样的一段话：

　　当我年轻自由的时候，我的想象力没有任何局限，我梦想改变这个世界。

　　当我渐渐成熟明智的时候，我发现这个世界是不可能改变的，于是我将眼光放得短浅了一些，那就只改变我的国家吧！

　　但是我的国家似乎也是我无法改变的。

　　当我到了迟暮之年，抱着最后一丝努力的希望，我决定只改变我的家庭、我亲近的人——但是，唉！他们根本不接受改变。

　　现在在我临终之际，我才突然意识到：如果起初我只改变自己，接着我就可以依次改变我的家人。然后，在他们的激发和鼓励下，我也许就能改变我的国家。再接下来，谁又知道呢？也许我连整个世界都可以改变。

　　这段墓文令人深思。

大文豪托尔斯泰也说过类似的话："全世界的人都想改变别人，就是没人想改变自己。"别说命运对你不公平，其实只是看你有没有把握住自己的人生。有的人用习惯的力量让自己抓住了命运的手。有的人虽然最初与命运擦肩而过，但是他们改变了自己，又让命运转回了微笑的脸。

原一平被誉为日本的"推销之神"，但其实在他小的时候是以脾气暴躁、调皮捣蛋、叛逆顽劣而恶名昭彰的，被乡里人称为无药可救的"小太保"。

在原一平年轻时，有一天，他来到东京附近的一座寺庙推销保险。他口若悬河地向一位老和尚介绍投保的好处。老和尚一言不发，很有耐心地听他把话讲完，然后以平静的语气说："你的介绍丝毫引不起我的投保兴趣。年轻人，先努力去改造自己吧！""改造自己？"原一平大吃一惊。"是的，你可以去诚恳地请教你的投保户，请他们帮助你改造自己。倘若你按照我的话去做，他日必有所成。"

从寺庙里出来，原一平一路思索着老和尚的话，若有所悟。接下来，他组织了专门针对自己的"批评会"，请同事或客户吃饭，目的是让他们指出自己的缺点。

原一平把种种可贵的逆耳忠言一一记录下来。通过一次次的"批评会"，他把自己身上那一层又一层的劣根性一点点剥落掉。

与此同时，他总结出了含义不同的39种笑容，并一一列出各种笑容要表达的心情与意义，然后再对着镜子反复练习。

他开始像一条成长的蚕，在悄悄地蜕变着。

最终，他成功了，并被日本国民誉为"练出价值百万美金笑容的小个子"；美国著名作家奥格·曼狄诺称之为"世界上最伟大的推销员之一"。

"我们这一代最伟大的发现是，人类可以由改变自己而改变命运。"原一平用自己的行动印证了这句话，那就是：有些时候，迫切应该改变的或许不是环境，而是我们自己。

也许你不能改变别人，改变世界，但你可以改变自己。幸福、成功的第一步，需从改变自己开始。

条条大路通罗马

鲁迅曾说："其实世上本没有路，走的人多了，也便成了路。"从另一方面来说，生活中，只会盲从他人，不懂得另辟蹊径者，将很难赢取属于自己的成功和荣耀。

其实，不一定非要拘泥于有没有人走过。人生的道路本来就有千条万条，条条大路都能通向"罗马"，每条路都是我们的选择之一。一旦这条路行不通，可以换一条路，即使这条道上行人稀少、环境恶劣，但这往往就是通向成功宝殿大门的路。三百六十行，行行出状元，当经过艰苦努力，仍无法取得成就时，不要强求自己，考虑换一条道路。

当你专注于一条路时，你往往忽略了其他的选择。而如果你选择的那条路不是自己擅长走的,那么心理上的压力会让你变得更加茫然,更加找不到方向,可能因此而进入了一种选择上的误区。

虽然"白日梦"是青春期常见的心理现象,但整天沉醉于其中的人,往往是那些对现状不满意又无力改变的人。因为"白日梦"可以使人暂时忘记不如意的现实,摆脱某些烦恼,在幻想中满足自己被人尊敬、被人喜爱的需要,在"梦"中,"丑小鸭"变成了"白天鹅"。做美好的梦,对智者来说是一生的动力,他们会由此梦出发,立即行动,全力以赴朝着这个美梦发展,一步步使梦想成真;但对于弱者来说,"白日梦"不啻一个陷阱,他们在此处滑下深渊,无力自拔。

如何走出深渊呢?首先,要有勇气正视不如意的现实,并学会管理自己。这里教给你一个简单而有效的方法,给自己制作时间表。先画一张周计划表,把第一天至少分为上午、下午和晚上三格,然后把你在这一周中需要做的事统统写下来,再按轻重缓急排列一下,把它们填到表格里。每做完一件事情,就把它从表上划掉。到了周末总结一下,看看哪些计划完成了,哪些计划没有完成。这种时间表对整天不知道怎么过的人有独特的作用,因为当你发现有很多事情等着做,做完一件事有一种踏实的感觉时,就比较容易把幻想变为行动了。你用做事挤走了幻想,并在做事中重塑了自己,增强了自信。

同时,要有敢于放弃的勇气和决心,梦是美好的,但毕竟是梦。与其在美梦中遐想,不如另辟他途,走出一条适合自己的路,踏上另一条通向"罗马"的旅途。

人生处处有死角，要学会转弯

任何事物的发展都不是一条直线，聪明人能看到直中之曲和曲中之直，并不失时机地把握事物迂回发展的规律，通过迂回应变，达到既定的目标。

顺治元年（1644年），清王朝迁都北京以后，摄政王多尔衮便着手进行统一全国的战略部署。当时的军事形势是：农民军李自成部和张献忠部共有兵力四十余万；刚建立起来的南明弘光政权，汇集江淮以南各镇兵力，也不下五十万人，并雄踞长江天险；而清军不过二十万人。如果在辽阔的中原腹地同诸多对手作战，清军兵力明显不足。况且迁都之初，人心不稳，弄不好会造成顾此失彼的局面。

多尔衮审时度势，机智灵活地采取了以迂为直的策略，先怀柔南明政权，集中力量攻击农民军。南明当局果然放松了对清的警惕，不但不再抵抗清兵，反而派使臣携带大量金银财物与清廷谈判，向清求和。这样一来，多尔衮在政治上、军事上都取得了主动地位。顺治二年，多尔衮对农民军的进攻取得了很大进展，后方亦趋稳固。此时，多尔衮认为最后消灭明朝的时机已经到来，于是，发起了对南明的进攻。当清军在南方的高压政策和暴行受阻时，多尔衮又施以迂为直之术，派明朝降将、汉人大学士洪承畴招抚江南，给南明政权和农民军造成了沉重的打击。

迂回的策略，十分讲究迂回的手段。特别是在与强劲的对手交锋时，迂回的手段高明、精到与否，往往是能否在较短的时间内由被动转为主动的关键。

美国当代著名企业家李·艾柯卡在担任克莱斯勒汽车公司总裁时，为了争取到10亿美元的国家贷款来解公司之困，他在正面进攻的同时，采用了迂回包抄的办法。一方面，他向政府提出了一个现实的问题，即如果克莱斯勒公司破产，将有60万左右的人失业，第一年政府就要为这些人支出27亿美元的失业保险金和社会福利开销，政府到底是愿意支出这27亿美元呢，还是愿意借出10亿美元极有可能收回的贷款？另一方面，对那些可能投反对票的国会议员们，艾柯卡吩咐手下为每个议员开列一份清单，单上列出该议员所在选区所有同克莱斯勒有经济往来的代销商、供应商的名字，并附有一份万一克莱斯勒公司倒闭，将在其选区产生的经济后果的分析报告，以此暗示议员们，若他们投反对票，因克莱斯勒公司倒闭而失业的选民将怨恨他们，由此也将危及他们的议员席位。

这一招果然很灵，一些原先激烈反对向克莱斯勒公司贷款的议员们不再说话了。最后，国会通过了由政府支持克莱斯勒公司15亿美元的提案，比原来要求的多了5亿美元。

俗话说："变则通，通则久！"所以在一些暂时没有办法解决的事情面前，我们应该学着变通，不能死钻牛角尖，此路不通就换条路，不能一条路走到黑。生活不是一成不变的，有时候我们转过身，就会突然发现，原来我们的身后也藏着机遇，只是当时的我们赶路太急，把那些美好的事物给忽略了。

方法错了，越坚持走得越慢

"愚公移山"的故事，老少皆知。我们钦佩愚公的干劲、执着，但同时也有人抱质疑态度：若愚公搬一次家，又何至于让子子孙孙都辛苦一生？

工作中，许多人常咬紧"青山"不放松，永不言放弃，却只能头破血流、两败俱伤。变一回视线，换一次角度，找一下方法，将会"柳暗花明又一村"。

小马到一家公司去推销商品。他恭敬地请秘书把名片交给董事长，正如所料，董事长还是把名片丢了回去。

"怎么又来了！"董事长有些不耐烦。无奈，秘书只得把名片退还给立在门外受尽冷落的小马，但他毫不在意地再把名片递给秘书。

"没关系，我下次再来拜访，所以还是请董事长留下名片。"

拗不过小马的坚持，秘书硬着头皮，再进办公室，董事长火了，将名片撕成两半，丢给秘书。秘书不知所措地愣在当场，董事长更生气了，从口袋拿出 10 块钱说道："10 块钱买他一张名片，够了吧！"

哪知当秘书递还给业务员名片与钞票后，小马很开心地高声说："请你跟董事长说，10 块钱可以买两张我的名片，我还欠他一张。"随即他再掏出一张名片交给秘书。突然，办公室里传来一阵大笑，董事长走了出来说道："这样的业务员不跟他谈生意，我还找谁谈？"说着把小马请进了办公室。

在大多数情况下，正确的方法比坚持的态度更有效、更重要。

坚持固然是一种良好的品性，但在有些事上过度地坚持，反而会导致更大的浪费。因此，做一件事情，要注重采取正确的方法，而不是无谓的坚持。

有两个朋友分别住在沙漠的南北两端，由于干旱，饮水成了生存最主要的问题。还好，在沙漠的中心有一眼泉水。为了能喝到水，每天他们都要到沙漠中心去挑水，日子过得非常辛苦。

两个人每天都在约定的时间到泉水处，先是聊聊天，然后分别挑起水回家，这样一直坚持了 5 年。

忽然有一天，南边的人在泉水的地方没有见到北边的人，他心想："他大概睡过头了。"可是第二天，他还是没有见到北边的那个人来挑水。过了一个星期，北边的人始终没有来，南边的人着急了，以为他出了什么意外，于是就收拾行装去北边看望他的朋友。

等他到达北边的时候，远远地看见他朋友家的烟囱上冒出浓烟，还闻到了菜香味儿。"这哪里像一个星期没有水的样子？"他心想。

"我都一个星期没见到你挑水了，难道你不用喝水吗？"南边的人问。

"我当然不会一个星期不喝水！"说完，北边的人把南边的人带到他家的后院，指着一口井说："5年来，我每天都抽空挖这口井。我们现在都还年轻，还有力气每天走很远的路去挑水，等我们老了的时候怎么办，你想过没有？就在一个星期前，我的井里开始有了水，这口井足足用了我5年的时间才挖成。虽然很辛苦，但是以后我就不用走那么远的路去挑水了！"

从中可见，每天都坚持着辛苦挑水并非最佳的路子，找到水源才是根本方法。

在形形色色的问题面前，在人生的每一次关键时刻，聪明的企业员工会灵活地运用智慧，做最正确的判断，选择属于自己的正确方向。同时，他会随时检视自己选择的角度是否产生偏差，适时地进行调整，而不是以坚持到底为圭臬。时时留意自己执着的意念是否与成功的法则相抵触，在意念、方法上灵活修正，我们将离成功越来越近。

换个角度,世界就会不一样

在现实生活中,情绪失控有很多原因,其中最常见的就是认为生活不如意,大事小事都与自己理想中的景象相去甚远。在这种情况下,你大可不必死钻牛角尖,不妨换个角度来看问题,或许你会有意料不到的收获。

有这样一个故事:

在波涛汹涌的大海中,有一艘船在波峰浪谷中颠簸。一位年轻的水手顺着桅杆爬向高处去调整风帆的方向,他向上爬时犯了一个错误——低头向下看了一眼。浪高风急顿时使他恐惧,腿开始发抖,身体失去了平衡。这时,一位老水手在下面喊:"向上看,孩子,向上看!"这个年轻的水手按他说的去做,重新获得了平衡,终于将风帆调整好。船驶向了预定的航线,躲过了一场灾难。

即使处在同一个位置,但换个角度看问题,视野要开阔得多。我们未尝不可从多个角度去分析事物、看待事物。换个角度,其实也是一种控制情绪的好方法。

如果我们能从另一个角度看人,说不定很多曾以为缺点恰恰是优点。一个固执的人,你可以把他看成一个"信念坚定的人";

一个吝啬的人，你可以把他看成一个"节俭的人"；一个城府很深的人，你可以把他看成一个"能深谋远虑的人"。

我们常常听到有人抱怨自己容貌不是国色天香，抱怨今天天气糟糕透了，抱怨自己总不能事事顺心……刚一听，还真认为上天对他太不公了，但仔细一想，为什么不换个角度看问题呢？容貌天生不能改变，但你为什么不想一想展现笑容，说不定会美丽一点儿；天气不能改变，但你能改变心情；你不能样样顺利，但可以事事尽心，你这样一想是不是心情好很多？

所以，我们不妨学会淡泊一点儿。一个人身心疲惫，情绪波动，就是因为凡事斤斤计较，总是计算利害得失。如果以一份平和的心态，换个角度，把人生的是非和荣辱看得淡一些，你就能很好地控制自己的情绪。

绕个圈子，避开钉子

在生活中，我们难免会因为一些竞争而与对手针锋相对。矛盾也许不可避免，但我们不必"杀敌一千，自损八百"，要懂得利用智慧和技巧，在方法上取胜。

聪明的人总是懂得在危险中保护自己，而愚蠢的人总是喜欢依靠蛮力，乐于耗费掉自己全部的精力与对手拼出个高下，弄得自己筋疲力尽。

一位搏击高手参加锦标赛，自以为稳操胜券，一定可以夺得冠军。

出乎意料，在最后的决赛中，他遇到一个实力相当的对手，双方竭尽全力出招攻击。打到了中途，搏击高手意识到，自己竟然找不到对方招式中的破绽，而对方的攻击却往往能够突破自己防守中的漏洞，有选择地打中自己。

比赛的结果可想而知，这个搏击高手惨败在对方手下，当然也就与冠军奖杯失之交臂。他愤愤不平地找到自己的师父，一招一式地将对方和他搏击的过程再次演练给师父看，并请求师父帮他找出对方招式中的破绽。他决心根据这些破绽，苦练出足以攻克对方的新招，决心在下次比赛时，打倒对方，夺取冠军。

师父笑而不语，在地上画了一道线，要他在不能擦掉这道线的情况下，设法让这条线变短。

搏击高手百思不得其解，怎么会有像师父所说的办法，能使地上的线变短呢？最后，他无可奈何地放弃了思考，转向师父请教。

师父在原先那道线的旁边，又画了一道更长的线。两者相比较，原先的那道线，看起来变得短了许多。

师父开口道："夺得冠军的关键，不仅仅在于如何攻击对方的弱点，正如地上的长短线一样，如果你不能在要求的情况下使这条线变短，你就要懂得放弃从这条线上做文章，寻找另一条更长的线。只有你自己变得更强，对方才会如原先的那道线一样，在相比之下变得较短了。如何使自己更强，才是你需要苦练的根本。"

徒弟恍然大悟。

师父笑道："搏击要用脑，要学会选择，攻击其弱点。同时要懂得放弃，不跟对方硬拼，以自己之强攻其弱，你才能夺取冠军。"

在获得成功的过程中，在夺取冠军的道路上，有无数的坎坷与障碍，需要我们去跨越、去征服。人们通常走的路有两条：

一条路是与对手硬拼，攻击对手的薄弱环节。正如故事中的那位搏击高手最开始选择的那样，找出对方的破绽，苦练破敌的方法。

另一条路是懂得放弃，不跟对方硬拼，全面增强自身实力，在人格上、知识上、智慧上、实力上使自己加倍地成长，变得更加成熟、更加强大，许多问题便迎刃而解。

不跟对手硬拼，是一种包容，也是一种智慧。绕开圈子，才能避开钉子。适当地给对手留有余地，也许可以将对方感化，从而化僵持为友好，将敌人变成朋友。适当地给自己留有余地，你才有机会东山再起，才能把握好更多的机遇。

懂得变通，不通亦通

行走中的人，既要能够看到远处的山水，也要能够近看自己脚下的路。"不计较一时得失，基于全景考虑而决定的变通"，往往是抵达目的地的一条捷径。变通，是为了通过，更是为了向前。

生命的长途中，既有平坦的大道也有崎岖的小路，聪明的人既向往大道的四通八达，也憧憬小路上的美丽风景；生命的轮回中，四季交替，既有姹紫嫣红、草长莺飞的明媚春光，也有银装素裹、万木凋零的凛冽冬日，万物生灵随着季节的轮转调整着自己的生存方式。

在生命的春天中，我们尽可以充分享受和煦的春风、温暖的阳光，而遭遇寒冬之时，要及时调整步速，不急不躁地把握住生命的脉搏。

人的一生，总要经风历雨。横冲直撞，一味地拼杀是莽士；运筹帷幄，懂得变通才是智者。

从前，有一个穷人，他有一个非常漂亮的女儿。穷人生活拮据，妻子又体弱多病，不得已向富人借了很多钱。年关将至，穷人实在还不上富人的钱，便来到富人家中请求拖延一段时间。

富人不相信穷人家中困窘到了他所描述的地步，便要求到穷人家中看一看。

来到穷人家后，富人看到了穷人美丽的女儿，坏主意立刻就冒了出来。他对穷人说："我看你家中实在很困难，我也并非有意难为你。这样吧，我把两个石子放进一个黑罐子里，一黑一白，如果你摸到白色的，就不用还钱了，但是如果你摸到黑色的，就把女儿嫁给我抵债！"

穷人迫不得已只能答应。

富人把石子放进罐子里时，穷人的女儿恰好从他身边经过，只见富人把两个黑色石子放进了罐子里。穷人的女儿刹那间便明白了富人的险恶用心，但又苦于不能立刻当面拆穿他的把戏。她灵机一动，想出了一个好办法，悄悄地告诉了自己的父亲。

于是，当穷人摸到石子并从罐子里拿出时，他的手"不小心"抖了一下，富人还没来得及看清颜色，石子便已经掉在了地上，与地上的一堆石子混杂在一起，难以辨认。

富人说："我重新把两颗石子放进去，你再来摸一次吧！"

穷人的女儿在一旁说道："不用再来一次了吧！只要看看罐子里剩下的那颗石子的颜色，不就知道我父亲刚刚摸到的石子是黑色的还是白色的了吗？"说着，她把手伸进罐子里，摸出了剩下的那颗黑色石子，感叹道："看来我父亲刚才摸到的是白色的石子啊！"

富人顿时哑口无言。

"重来一次"意味着穷人要把女儿嫁给富人抵债，而穷人的女儿则通过思维的转换成功地扭转了双方所处的形势。所以，很多时候与其硬来，不如做出变通。当客观环境无法改变时，改变自己的观念，学会变通，才能在绝境中走出一条通往成功的路。

生活中许多事情往往都要转弯，路要转弯，事要转弯，命运有时也要转弯。转弯是一种变通，转弯是调整状态，也是一种心灵的感悟。生命就像一条河流，不断回转蜿蜒，才能克服崇山峻岭，汇集百川，成为巨流。生命的真谛是实现，而不是追求；是面对现实环境，懂得转弯迂回和成长，而不是直撞或逃避。

适应这个变化的世界

　　世间万物都在变。没有变化，就会落后，就无法生存。事变我变，人变我变，适者方可生存。成功离不开变通，很多人之所以处处碰壁，最重要的原因就是不能适应这个变化的世界。

　　许多成功者成功的秘诀就在于善于变通。只有适时做出改变，才能克服困难，走向成功。美国名人罗兹说："生活的最大成就是不断地改造自己，使自己悟出生活之道。"由此可知，变通就是我们遇到困难和变化时所采取的方法和手段。这种方法和手段有这样两大特点：一是根据客观情况的变化而改变自己。二是深刻理解了变化原因之后，努力去引导变化、驾驭变化。

　　一位成功学大师说："智慧的领导者晓得下一步是怎么变，便领导人家跟着变，永远站在变的前头；应变的人，你变我也变，跟着变；还有的人是在人家变了以后，再以比别人变得还快的速度追上去，并超越人家。"

　　想做一名成功者，就必须不停地做出调整，不停地适应社会的变化，这样才能打破常规，迈出成功的一步。有许多满怀雄心斗志的人，他们有坚强的毅力，但是由于不会积极地适应多变的环境，因而无法成功。因此，要根据现实的情况为实现目标而改变策略。

　　我们改变不了过去，但可以改变现在；我们很难改变环境与问题,但可以改变自己。擦亮发现的眼睛,变换思维的角度,千变万化将由你驾驭。

争论无输赢

十之八九,辩论的结果只会使辩论的双方都比以前更加坚信自己是绝对正确的。你赢不了争论:要是输了,当然你也就输了;但是即使你胜了,你还是失败的。为什么呢?如果你胜了对方,把他驳得体无完肤或千疮百孔,证明他毫无是处,可是那又能怎样?你也许会觉得很得意。但是他呢?你只会让他觉得受到了羞辱。既然你伤了他的自尊心,他自然会怨恨你的胜利。而且"一个人即使口头认输,但心里根本不服"。

伯恩互助人寿保险公司为他们的推销员定了一条不许违抗的规矩:"不要辩论!"

真正的推销术不是辩论,哪怕是不露声色的辩论,因为人们的看法并不会因为争辩而有所改变。

例如,多年以前,有一位争强好胜的爱尔兰人哈里先生参加了马克的辅导班。他受过的教育虽然很少,但却非常喜欢与人争论!他曾给别人当过汽车司机,后来,他改行推销载重汽车,但是并不怎么成功,便到马克这里来求助。马克稍微询问了他几句,就可看出,他总是同他的顾客争辩,并冒犯他们。假如有某位买主对他推销的汽车有所挑剔,他就会怒火难耐,和对方大声强辩,直到把对方驳得哑口无言。

那时他的确赢过不少次争论。后来他对马克说："每当我走出人家的办公室时，总对自己说：'我总算把那家伙教训了一次。'我的确教训了他，可是我什么也没有推销出去。"

因此，马克的第一个难题不只是教哈里如何与人交谈，现在马克立即要做的是训练他如何克制自己不要讲话，避免与人发生争执。

正如睿智的本杰明·富兰克林常说的：

如果你争强好胜，喜欢与人争执，以反驳他人为乐趣，或许能赢得一时的胜利，但这种胜利毫无意义和价值，因为你永远得不到对方的好感。

所以，你自己应该仔细考虑好：你宁愿要一个毫无实质意义的、表面上的胜利，还是希望得到一个人的好感？你不能两者兼得。

在你与人争辩的时候，或许你是对的，甚至绝对正确，但你若想改变对方的想法，你可能会一无所得，正如你错了一样。

第七章 ▷

心安则静，人安则宁

不求公平求效率

我们都希望能够在任何事情上获得公平对待，但是往往公平是一个很让我们受伤的词，我们每个人都觉得自己在受着不公平的待遇。事实上，这个世界上没有百分之百的公平，你越想寻求百分之百的公平，就越会觉得别人对你不公平。

付出和收获不是对等的，更不可能——对应，个人努力之外的因素在更大的程度上左右着人的命运。虽然说"一分耕耘，一分收获"，但那只是人们对未来的美好愿景和对自己的人生激励。

实际上，公平是相对而言的，衡量公平的标准也不是一成不变的。当你换个角度来看问题时，你会发觉自己得到的比失去的要多，不公平是一种进行比较后的主观感觉，只要我们改变一下比较的标准，就能够在心理上消除不公平感。

美国心理学家亚当斯提出了一个"公平理论"，认为员工的工作动机不仅受自己所得的绝对报酬的影响，而且还受相对报酬的影响。人们会自觉不自觉地把自己付出的劳动与所得的报酬同他人相比较，如果觉得不合理，就会产生不公平感，导致心理失衡。

面对不公平，我们唯一能做的就是提高自己的效率。

为了提高效率，我们必须学会统筹安排，学会如何在有限的时间或者相同的时间内做不同的事。

这与三心二意不同，如果安排得当，可以恰如其分地进行处理，不会互相抵触或影响，这样就大大提高了办事的效率，可谓是事半功倍。把时间掌握在股掌之间，从容应对各类问题，这就是当下的工作者，尤其是年轻人应该具备的能力。现在的人生活在一个快节奏的社会中，时不我待，这就要求我们在不断磨炼的过程中练就随机应变、灵活应对的本领。此外，顶住压力、化解压力的功夫也必不可少。心不静则树不止，如果一直很急躁，又何谈从容应对，处变不惊？综合来看，要想做时间的主人，并非易事。但很多事情之间都有共同点，熟练掌握并应用自如，就可以触类旁通，时间自然就省下来了。

一旦你的效率提高，即便是再不公平的限制，也无法阻挡住你的脚步。

以"阳光心态"面对人生中的变故

生活不是一帆风顺的，总有一些波折和惊险，也许今天让你拥有所有，明天又会让你一无所有。人生活在这个世上，或者遇到困难，或者遇到变故，或者遇到不顺心的人和事，这些都是正常现象。然而，有的人遇到这些现象时，或心烦意乱，或痛苦不堪，或萎靡消沉，或悲观失望，甚至失去面对生活的勇气。

不可否认，当这些现象出现时，会影响人的思维判断，会刺激人的言行举止，会打击人面对生活的勇气。比如，当你在工作中受到了上司的批评后，你会情绪低落；当你在生活中遭到别人误会时，你会感到气愤和委屈；当你失去亲人朋友时，你会悲痛至极；当你在仕途中遇到不顺时，你会怨天尤人。

这些表现都很正常，因为人是会思维的高级感情动物，这也是人区别于一切低级动物的根本。但这些表现不能过而极之，否则你会活得很累、很不幸福。

人在生活中，要学会用阳光般的心态面对生活。所谓阳光心态，就是一种积极的、向上的、宽容的、开朗的健康心理状态。它会让你开心、催你前进，它会让你忘掉劳累和忧虑。

当你遇到困难时，它会给你克服困难的勇气，它会让你相信"方法总比困难多"，让你去检验"世上无难事，只要肯登攀"的道理；当你遇到不顺时，它会让你的头脑更加理性，让你不是悲观失望，而是反思自己的做事方法、做人原则，让你有则改之，无则加勉；当你遇到委屈时，它会给你安慰，给你容人之度，让你的心胸像大海一样宽阔，志向像天空一样高远；当你遇到变故时，它会让你化悲痛为力量，让你感受到自然规律不可违，顺其自然则是福的真谛。

它会让你的眼光更加深邃，洞察社会的能力更加敏锐，对待生活的态度更加自然，面对人生的道路更加自信。

任何人对未来都会有所期待，每个人对生活自然也都会有所选择，既然有了选择，就要勇于为自己的选择承担一切责任。谁都希望一生有所作为，并能有所成就，但一时落败是不是就意味着没有作为，没有成就了呢？未必，从中总结到的经验教训就是为了有所作为取得的最大成就，它同样能发出异常明亮的光辉照亮前行的道路。

所以，面对坎坷时无须烦恼，再黑的夜晚也会有黎明到来的那一刻。不管生活多么曲折，只要拥有积极乐观的心态，就能挺过冰冷的长夜，迎来美好的明天。

何必徒劳寻求完美，生活本身就是不完美的

有的人有美貌却得不到幸福，有的人有金钱却失去了亲情和爱情，有的人有智慧却失去了快乐，有的人得到梦想却没有了健康。有志未必有心，有心未必有力，有力未必有钱，有钱未必有情，有情未必有爱，有爱未必有缘，有分未必有份，有分又未必能在一起和平相处。

追求完美当然是无可厚非的，这本身就是一种积极的生活态度。如果人人都安于现状，没有了高远的目标，失去了奋斗的动力，那么生活也就不再精彩，生命也将失去原本的意义。但是，如果过分地看重完美、过度地苛求完美，最终只会让自己伤痕累累。

苛求完美的人一般都不愿意面对自己的不足和缺点，对自己、他人都很挑剔。比如，经常让自己保持优雅的姿态、不俗的气质、温柔的谈吐，总是为自己制定过高的理想标准或为一个自认为不优雅的姿态紧张焦虑，这都不是一种健康的心理。

人生不必追求完美，生命本身就是一种过程。平静的湖水，投入一颗石子，便有生动的涟漪；蔚蓝的天空，飞过一行大雁，便有深邃的意境；我们平淡的人生，需要一点波折，才会产生活力。

在人生中，有一点点苦，有一点点甜，有一点点希望，也有一点点无奈，生活会更生动、更美满、更韵味悠长。

生活中根本就不存在完美。因为"完美"太抽象，太不切实际，生活是具体的，有许多遗憾也是无法避免的。假如我们在心理上接受并战胜了这些，我们的内心就会稳健许多，也会重新感受到生活的乐趣。

有缺陷的人生才是真实的人生，凡事顺其自然，人生就是经历，要快乐地过好每一天。不要苛求自己，也不要太在乎别人的言论，你是活在自己的心里而不是别人的眼里，要为活出自己的特色、活出自己的风格而努力。

有位渔夫从海里捞到一颗晶莹圆润的大珍珠，爱不释手，但是美中不足的是珍珠上面有个小黑点。渔夫想，如果能将小黑点去掉，珍珠将变成无价之宝。可是渔夫剥掉一层，黑点仍在；再剥一层，黑点还在；一层层剥到最后，黑点没有了，珍珠也不复存在了。

其实，有黑点的珍珠不见得不美丽，其可贵之处正在于它的浑然天成，如果苛求完美就会把原本的美好也剥除了。

这样的苛求得不偿失。

接纳所有的不幸，期盼生活的彩虹

平心而论，谁也不希望自己的生命经常忍受磨炼——折磨式的历练，哪怕真的可以增加人生的美丽，也不会有人欢呼着说："啊，我多么喜欢折磨式的历练呀。"人总是向往平坦和安然的。然而，不幸的是，折磨对生命之袭来，并不以人的主观愿望为依据，无论人们喜欢与否，它只管我行我素。

既然不幸是无法逃脱的，那么人们为什么不让自己振作起来去迎接这挑战呢？为什么不能把它变作某种养分去滋润自己的美丽呢？

生命因接纳不幸而美丽，关键在于人面对磨炼的角度和深度。应该说，磨炼本身就具有美丽人生的功能，假若由于认知上的原因，反让磨炼把自己丑化了，能归咎于磨炼的起因。所以也并非说任何人的生命都会因磨炼而美丽，人生丑陋者也大有人在。

生命因接纳不幸而美丽，不仅在于生命需要在磨炼中成长，还在于磨炼对生命的不可回避性。人群之中，物欲横流，而且方向和力度又不尽相同，谁料得到何时何地就会滋生出一种针对自己的折磨来呢？料不到又必须随，随又不想使自己一蹶不振地消沉，这样经过努力，使其转化为对自己有用的能量，就成为人之不选之选。这时候的磨炼对生命来说，已变作美丽的阶梯，虽然阶梯的旁边充满荆棘，但在阶梯尽处却充满鲜花，坦然走过荆棘，就必然会置身于另外一重天地。

生命因接纳不幸而美丽，还在于它使人生收获了用金钱也买不到的某种负面阅历。人生阅历以正面的居多，人生教诲以善良的居多，这些东西都构不成对人生的考验，唯有磨炼具备这种特质。常言说"猪圈难养千里马，花盆难栽万年松"，为什么会是这样的呢？就是因为其缺乏考验的机会。不光如此，生活中的其他事情也一样，凡没有接受过考验者，就很难断言它是否完整和美丽。而这种考验，不是谁有计划出的考题，它不期然而然地就横亘在了人的面前，使人猝不及防。经此一番挣扎磨炼，人没有颓废，反而更加精神了，这样的生命不走向美丽还会走向哪里呢？

顺其自然，随处是欢喜

"凡事顺其自然；遇事处之泰然；得意之时淡然；失意之时坦然；艰辛曲折必然；历尽沧桑悟然。"这"六然"的句子凝集了人生的处世智慧，能把这六句话理解透彻、思索明白、贯彻落实到生活中的一点一滴之中，我们就不会再有那么多喜、怒、忧、思、悲、恐、惊了。

我们会从顺其自然中明白，有些事我们只能尽力，却不能强求其结果达到最好。生活就是由各种大大小小的事组成的，按照世俗的标准，人们在做事的时候有成功，就有失败；有得意之作，就有失意之作；有过艰辛，当然也伴随着快乐。成功如何？失败又如何？这就要理解上面所说的"六然"，能理解，并且能落实好，就会化解许多困惑和苦难。

相反，如果对所有事情都执着于结果，最后只怕会越来越失望，越来越伤感。因为人生无常，即便再精明的人，一生也不可能尽在他的计划之中，总有些事会跳出来扰乱他的心扉，如果强行而为，最后的伤害总是难免的。

顺其自然不是一种消极避世的生活态度，而是站在更高层次来俯视生活的一种感觉。如果你能顺其自然，或许可以让你的思想升到高空，可以俯视大地。当人们都顺其自然了，那淡然、泰然、必然、坦然、悟然也就水到渠成，那人生何来得意、失意、艰辛、沧桑之说？

禅院的草地上一片枯黄，小和尚看在眼里，对师父说："师父，快撒点草籽吧！这草地太难看了。"师父说："不着急，什么时候有空了，我去买一些草籽。什么时候都能撒，急什么呢？随时！"中秋的时候，师父把草籽买回来，交给小和尚，对他说："去吧，把草籽撒在地上。"起风了，小和尚一边撒，草籽一边飘。

"不好，许多草籽都被吹走了！"

师父说："没关系，吹走的多半是空的，撒下去也发不了芽。担什么心呢？随性！"

草籽撒上了，许多麻雀飞来，在地上专挑饱满的草籽吃。小和尚看见了，惊慌地说："不好，草籽都被小鸟吃了！这下完了，明年这片地就没有小草了。"

师父说："没关系，草籽多，小鸟是吃不完的，你就放心吧，明年这里一定会有小草的！"

夜里下起了大雨，小和尚一直不能入睡，他心里暗暗担心草籽被冲走。第二天早上，他早早跑出了禅房，果然地上的草籽都不见了。于是他马上跑进师父的禅房说："师父，昨晚一场大雨把地上的草籽都冲走了，怎么办呀？"

师父不慌不忙地说："不用着急，草籽被冲到哪里就在哪里发芽。随缘！"

不久，许多青翠的草苗果然破土而出，原来没有撒到的一些角落里居然也长出了许多青翠的小苗。

小和尚高兴地对师父说："师父，太好了，我种的草长出来了！"

师父点点头说："随喜！"

人生若能顺其自然，只尽力不强求，便会这样随处是欢喜。

没有完美的人和事

世上没有十全十美的人，也没有完美无缺的事情。如果一味执着地去追求完美，结果往往是被它所伤。

人生在世，注定了要经过七弯八折，饱受许多风风雨雨，品尝许多酸甜苦辣。不论是谁，都不可能一帆风顺，十全十美。自己的一生谁也替代不了，自己的艰难谁都无法替换。没有经受今天的磨炼，就要吃到明天的辛酸。

在电影《爱情呼叫转移》里，一个男人厌倦了自己的妻子，意外得到一部能带来艳遇的神奇手机。开始总是浪漫的，那一系列美女也完全符合他的标准，可一旦深入交往，对方的缺陷就完全暴露。主人公不得已重新寻觅，却总是笑料百出。

找个完美的人就那么难？其实这个问题很简单，就算他拿一辈子做赌注去追寻，只怕也得不到想要的结果。人都是不完美的。

当你决定爱一个人的时候，首先要明白，爱是件很伟大的事，它的意义绝不是互相取悦和无限索取，而是包容、奉献和牺牲。你必须充分意识到，一个完整的人是由优点和缺点组成的。在相识之初，你很可能只被他的优点迷惑而忘记了他其实缺点更多；当陌生感消失，你们变成真正贴心的爱侣之后，很多缺点就会一一浮出水面。如果不能及时调整心态，你们的感情很可能会因此破裂。即使结束这段感情，再爱上别的人，同样的困惑照例会出现，你仍旧会被对方层出不穷的缺点搞得焦虑不堪，甚至对爱情失去了信心。

要知道在这个世界上，没有谁是为了迎合你的喜好而存在的。一味坚持拿着自己的标准去寻找，收获的只能是失望。换位思考一下，如果心上人总是放大你的缺点进而抱怨人生，你是否也会觉得不公平呢？

这个世界上没有完美的人，也没有完美的生活。我们所要做的，就是接受这种不完美。

玫瑰有刺，要接受事物的瑕疵

谁都知道世界上没有十全十美的事物。如果明知是不存在的东西，却千方百计地想得到，那么为此所做的努力只会付诸东流。因此，尽早放弃不存在的事物要好过紧抓虚幻，枉度一生。

当我们接受事物美好的部分时，也要接受它有瑕疵的那一部分。如果没有了瑕疵，反而显不出美来，有瑕疵的美玉才显得更加真实。这就好比人们都希望自己的生活里都是幸福而没有烦恼，其实如果没有了烦恼，你反而不知道幸福应该是什么样子了。所以，我们承受的痛苦越大，克服了困难以后所得到的幸福感也就越大；没有了痛苦，我们也就不知道幸福的滋味为何了。

断臂维纳斯的塑像非常美，当她第一次展示在人们眼前时，曾经有不少人为她设计过多种多样的手臂，但没有一尊有手臂的维纳斯能胜过断臂的维纳斯。断臂的维纳斯依然是人们心目中美的象征。

完美的确是很美好的一种境界，但是，要知道有得必有失，人在追求一样东西时，必定会失去另一样东西。在追求"完美生活"的同时，你就已经失去了完美与自由，也体会不到生活的快乐和释然，反而会让光阴白白流逝。其实追求完美，就是给自己的人生层层设卡，为自己制造了思想枷锁。

在我们的一生中，总有些不如人意之处，有些甚至是无法逆转的。对于这些，如果我们明知摆脱不掉，却依然耿耿于怀，就会更加痛苦不堪。

　　生活总是不能圆满的，它总会给人生留下很多空隙，其中最大的空隙就是理想与现实的距离。也许你想成为太阳，可你却只是一颗星星；也许你想成为一棵大树，可你却只是一株小草；也许你想成为大河，可你却只是一湫山溪。于是你很自卑，总以为命运在捉弄自己。其实和别人一样，你也是一道风景，也有阳光，也有空气，也有寒来暑往，甚至有别人未曾见过的一株青草，有别人未曾听过的一阵虫鸣。做不了太阳，就做星辰，让自己发热发光；做不了大树，就做小草，以自己的绿色装点希望；做不了伟人，就做实在的小人物，平凡并不可卑。要知道，在变成天鹅之前，我们每个人都是一只丑小鸭。

　　人生就像一个盛满酸、甜、苦、辣、咸的五味瓶，生活本身也是如此，假如我们的瓶子里装的只是糖，那么人生就太过于单调乏味了。如果人生没有挫折与失败，没有难过与哀伤，那就像探险家到动物园里看囚禁在笼子里的老虎一样，枯燥无味。美绝不是一张没有瑕疵的白纸，而是一幅有暖色也有冷色的画；美不仅是阳光明媚的春天，也有春华秋实、冬雪寒风的四季轮回。维纳斯之所以能成为世人心中美的象征，就是因为她展示出了一种永恒的美——缺陷。

　　天下没有十全十美的事。人生有瑕疵才显得真实，也才显得珍贵。让我们善待生命的瑕疵，以宽容之心回归本位看自己，以豁达之心面对生活，我们便会与欢乐相伴，与幸福相随。

煤堆里的金子看不出光泽

环境往往会对一个人产生重大的影响。我们在学校里，特别是初中和高中，很多淘气不爱学习的学生会被一些老师刻意地分配在角落里，让那些爱玩的孩子坐在一起。干什么老师不管，只要你不说话、不捣乱、不打扰别的同学学习就好。于是，这些被老师划分出来的学生，不但没有安心自省，反而变本加厉地玩闹，甚至逃学或者干脆放弃学业。

古人说："与善人居，如入芝兰之室，久而不觉其香，渐与之化矣；与恶人居，如入茅厕之室，久而不觉其臭，渐与之化矣。"意思是说，我们身在一个环境里，有时常常不觉得它对自己有影响，大概因为自己正渐渐地被感染和熏陶。一个小偷在一个宽仁的人群里生活久了，慢慢会学着寻找正当的生活方式，他会渐渐醒悟到一个人活着除了物质上的追求，还要有尊严的需求；一个正直的人在一个盗贼圈子里生活久了，要么苦不堪言，要么自己也学会了偷抢之道，他会慢慢觉得偷盗是很正常很合理的事情——他是"卧底"除外。所以，谈教育的人们常说：看一个人，就看他交什么样的朋友、读什么样的书。对每一个人来说，最珍贵的还有你选择的环境，它决定了你有什么样的喜好，有什么样的爱与恨，会走什么样的人生道路，会用什么样的方式来思考和生活。看你的选择，就会想到你命运的结果。

　　网上一直在流传一个"毒果也能变甜果"的故事："在普鲁士南部的尼尔士山区有一种野莓，个头是普通草莓的三四倍，毒性很大。当地人并没有因为它们含有毒素就舍弃它们，更没有铲除它们，而是在种甜莓的田块里套栽少量的大个毒莓。这些毒莓会因为授粉以及汲取甜莓根部的甜液，最终变成失去固有毒素的硕大甜果。"

　　可见环境对人和事物的影响有多大。

　　同一个人在不同的环境下会有不同的表现。在积极向上的群体中，个人会受到周围人的正能量影响，从而激发自己的勤奋努力，取得最佳成绩。成功的个体可能会成为领导者、创业者，或者在某个领域成为专家和权威，成为不可或缺的重要人物。相反，若身处散漫懒惰的群体中，即使是优秀的个体也可能被带入懒惰的境地。如果无法改变周围环境，个体很可能会被群体同化。人天生有惰性，当周围的人缺乏进取心、沉溺于安逸、工作敷衍了事、缺乏计划性和执行力，组织松散无序时，即使是勤奋的个体也会逐渐变得庸庸碌碌。

　　如果是金子，就应该把自己放在珠宝行里，而不是放在煤堆里，任由环境污染了你的色彩，遮盖了你的光芒，煤堆里的金子看不出光泽。当你感到人生平庸怀才不遇时，请先不要只顾自责，试着走得更远些，寻找一个适合自己的环境。

人生之路就是一场场挑战

在人生路途中，我们经历了一次次的挑战：首先是学生生涯中的一次次考试，大到中考高考这样决定人生转折的考试，小到每一学期的期中期末考试，这无不是对我们一次次的测试与挑战；其次，在我们成长的过程中所经历的社会上的事情，也一次次地向我们发起挑战："非典"、禽流感、地震、金融危机、甲流……其中的每一次挑战都向我们的生命与财产发起了强烈的进攻。

其实，仔细回顾一下我们的生活就会赫然发现，原来我们的人生就是一场接着一场的挑战。

当然，在挑战存在的同时，我们也面临着一次次的机遇。作为挑战形式而存在的考试为我们的竞争提供了一个公平的媒介，并且使我们的抱负可以通过考试来实现。社会上所发生的那些人为或天灾性的事情也促使我们不断反思，促使我们的社会机制不断完善、不断前进。

面对挑战的压力与我们终生相伴。从咿呀学语时的第一句话到蹒跚学步时迈出的第一步，都是基于渴望生存的压力。上幼儿园时，我们学会画画、唱歌、跳舞、做游戏、整理房间、吃饭等，一切都在比谁做得更好；之后是小学、中学、高中，为以后能在社会上更好地生存而进行知识和能力的准备；等到参加了工作、成立了家庭，又有了新的角色和责任；即便是退休了，压力也不会轻易从我们身边走开，身体的健康状况又成了生存压力的重要因素。从一个人的生命产生到生命的终结，每时每刻都有压力伴随。认识到了这一点，我们就应该丢掉逃避压力的幻想，勇敢面对现实生活。

挑战与机遇之间相互区别，各有其自身的特点，而且往往朝着相反的方向发展。如机遇带给人们的往往是成功的预兆，使人们对未来充满希望；而挑战则常伴随着挫折，自然很容易使人心情沮丧，甚至对未来充满迷茫。因而许多人期待机遇而痛恨挑战，但是，它们同时又是一个普遍联系的有机整体，机遇中充斥着挑战，挑战中也包含着机遇。所以，我们是无法回避人生中的挑战的。

温室里的花草禁不起风吹雨打，因为它们从小生长在舒适的环境里，没有经过艰苦生活的锻炼；苍松翠柏一向被认为是不畏艰难、坚强不屈的象征，因为它们生长在崇山峻岭，经过无数次的考验而毫不动摇。

一个人的成长过程，就是面对一场场挑战的过程，我们在这个过程中，需要不断调整自己，适应压力。一个人要想成功必须变压力为动力，这样才能迸发潜力、激发活力，只有经过艰难困苦的磨炼，人生经验才会逐渐丰富、人生态度才会更加积极、人生意义才能不断升华。

人有悲欢离合，月有阴晴圆缺

每个人都在追求幸福的人生，我们总以为幸福来日方长，但是匆匆地，意外就发生了，我们期待的圆满却不曾出现。

人有悲欢离合，月有阴晴圆缺。那些人生的酸甜苦辣，任凭我们如何逃避都不能脱身，而躲避不是办法，最终还需面对。现实是改变不了的，就如四季变化一般，是人力所不可为的，我们只能坦然接受。

那么，我们该怎么面对那些不如意的事情呢？

面对意外和挫折，最重要的是要练就一种刀枪不入的平常心。心灵的平和宁静是一种超然的境界，它让你在高朋满座时不会失常，曲终人散时不会心灰意冷。它能够让你面对人生的起起伏伏、大起大落：迎接生活的美酒鲜花，我坦然；面对生活的刀光剑影，我洒脱。这是一种至高的人生境界。

可惜在现实生活中，我们心灵的平和总被人世间的悲欢离合搅得痛苦、烦躁、失落、惆怅……幸福就这样被腐蚀着、剥夺着、吞噬着，身心负重累累，备受折磨。

你会不会有这样的时刻？

想安静的时候却总是心猿意马；想工作却总是精神萎靡；想出去走走，却毫无兴致；想找人聊聊，又不知从何谈起……深陷这类情绪的"沼泽地"而无法自拔，使我们变得惶惶不可终日。

苏轼的《水调歌头》中这样写道:"转朱阁,低绮户,照无眠。不应有恨,何事长向别时圆? 人有悲欢离合,月有阴晴圆缺,此事古难全。"

苏轼已经看透了人世间的悲欢离合,知道圆满完美的人生总是不存在的,而我们还有什么看不开的? 人的一世就仿佛是昙花开一瞬间,都在虚无缥缈中。大千世界中的芸芸众生,哪一个没品尝过悲欢离合的滋味?

我们总以为幸福来日方长,君不见"朝如青丝暮成雪","是非成败转头空",我们以为漫长的一生,在历史长河里不过是一瞬。生命是个偶然的奇迹,我们还要把这短短的奇迹浪费在种种负面情绪中吗?

生命宛如蜡烛,用一时少一寸,既然人生苦短,何不平和对待? 面对那些悲欢离合,要顺其自然,学会调适自己的情绪。纵然曾经"高朋满座",现在"曲终人散",那又如何? 只要你有宽广的胸襟,所有的不顺和残缺都会变成过往的浪花,消失在你的人生长河里。

生活难免会有不公平,看开就好

在生活中,不公平处处可见。公平只是相对而言的,若想要公平,首先就要适应不公平。

如果你比别人高,那么或许别人比你漂亮;如果你比别人聪明,那么别人的情商或许比你高。这世界上到处都是不公平,有一些只是你没注意到。

对待生活中存在的不公平的地方，你也没有必要愤愤不平，最聪明的做法是：想办法把这种不公平争取到自己这边，把不利变为有利，化危机为生机。生活中从来没有绝对的公平，也没有绝对意义上的不公平。看起来公平的规则往往潜藏着一些不公平，我们只能利用自己的条件去争取公平。

正因为这个世界上到处都充满不公平的事情，所以在某种程度上来讲，不公平也是一种公平。我们生活的地球本身就是不平的，一不小心还会平地里摔跟头，更不用说错综复杂的人际关系和危机四伏的社会陷阱，要想在生活中获得快乐的体验，没有看得开的眼力和智慧是不行的。

比尔·盖茨说："无论遇到什么不公平，不管它是先天的缺陷还是后天的挫折，都不要怜惜自己，而要咬紧牙根挺住，然后像狮子一样勇猛前进。"除了他的智慧之外，这样的心态才是他获得成功的重要条件。

你要学着接受，同样是石头，有的被打磨成大理石，镶嵌在富丽堂皇的大厅里；而有的却铺在路上被人们踩踏。万事万物生来就是有区别的，我们无法抗拒这样的不公，因为这样的不公在自然界里比比皆是。

当你遭遇不公平时，必然会有愤恨的情绪，但不如把这种不公平当作对我们的一种考验，考验人战胜自我的能力。唯有经过了这些考验，我们才能获得奋斗的动力，给自己带来全新的人生。

微笑带给人宁静的力量

19世纪的一位名人曾这样赞美微笑：

微笑在圣诞节的价值，它不花什么，但创造了很多成果。

它丰盛了那些接受的人，而又不会使那些给予的人贫瘠。

它产生在一刹那之间，但有时给人一种永远的记忆。

没有人富得不需要它，也没有人穷得不会因为它而富裕起来。

它在家中创造了快乐，在商业界建立了好感，而且是朋友间的口令。

它是疲倦者的休息，沮丧者的白天，悲伤者的阳光，又是大自然的最佳良药。

但它无处可买，无处可求，无处可借，无处可偷，因为在你把它给予别人之前，没有什么实用的价值。

会微笑的人到处受欢迎。一个人的面部表情，比穿着更重要。笑容能照亮所有看到它的人，像穿过乌云的阳光，带给人们温暖。用你的微笑去欢迎每一个人，那么你就会成为最受欢迎的人。

威廉·史坦哈是纽约证券股票公司市场成功的一员，他说他年轻的时候是个讨人嫌的家伙，他脸上没有微笑，不受人们的欢迎。

后来他自己决定，必须改变他的态度，他决心要脸上展现开朗的、快乐的微笑。于是，在第二天早上梳头时，他对着镜子中满面愁容的自己下令说："毕尔，你得微笑，把脸上的愁容一扫而光；现在立刻开始，微笑。"于是，威廉·史坦哈转过身来，跟他太太打招呼："早安，亲爱的。"同时对她微笑，她怔住了，惊诧不已。史坦哈说："从此以后你不用惊愕，我的微笑将成为寻常的事。"

过去的两个月，威廉·史坦哈每天早上都对妻子微笑。结果怎么样呢？微笑改变了他的生活，两个月中他在家所得到的幸福比以往一年还要多。

现在，史坦哈对大楼的电梯管理员微笑；对大楼门廊里的警卫微笑；对地铁的出纳小姐微笑。当他在交易所时，对那些从未见过他的人微笑。于是他发现每一个人都对他报以微笑。

史坦哈带着一种轻松愉悦的心情去同一些满腹牢骚的人交谈，一面微笑，一面恭听。过去很讨人厌的家伙，变成了一个受人欢迎的人；过去很棘手的问题，现在变得容易解决了。

毫无疑问，微笑给史坦哈带来了许多的方便和更多的收入。现在，他发现以前同别人相处很难，现在却完全相反，他学会了赞美、赏识他人，努力使自己用别人的观点看事物。从此他快乐、富有，拥有友谊与幸福。

不会微笑的人在生活中处处感到艰难，会微笑的人在生活中则处处顺心，这就是史坦哈自己的体会。

多对人微笑，赢得对方的好感。在现实的工作、生活中，一个人对你满面冰霜、横眉冷对；另一个人对你面带笑容，温暖如春，他们同时向你请教一个工作上的问题，你更欢迎哪一个？当然是后者，你会毫不犹豫地对他知无不言，言无不尽，问一答十；而对前者，恐怕就恰恰相反了。

一个人的面部表情亲切、温和、充满喜气，远比他穿着一套高档、华丽的衣服更引人注意，也更容易受人欢迎。

大卫·史汀生是美国一家小有名气的公司总裁，他还十分年轻。他几乎具备了成功男人应该具备的所有优点：他有明确的人生目标，有不断克服困难、超越自己和别人的毅力与信心；他大步流星、雷厉风行、办事干脆利索、从不拖沓；他的嗓音深沉圆润，讲话切中要害；而且他总是显得雄心勃勃，富有朝气。他对生活的认真与投入是有口皆碑的，并且，他对同事们也很真诚，讲求公平对待，与他深交的人都为拥有这样一位好朋友而自豪。

但初次见到他的人对他少有好感，这令熟知他的人大为吃惊。为什么呢？仔细观察后才发现，原来他几乎没有笑容。

他深沉严峻的脸上永远是炯炯的目光，紧闭的嘴唇和紧咬的牙关。即便在轻松的社交场合也是如此。他在舞池中优美的舞姿几乎令所有的女士动心，但很少有人同他跳舞。公司的女员工见了他更是畏如虎豹，男员工对他的支持与认同也不是很多。而事实上他只是缺少了一样东西，一样足以致命的东西——动人的微笑。

因为微笑是一种宽容、一种接纳，它缩短了人与人之间的距离，使人与人之间心心相通。喜欢微笑着对他人的人，往往更容易走入对方的天地。难怪学者们强调："微笑是成功者的先锋。"

下面是一家小型电脑公司的经理所讲述的他是如何为一个很难填补的缺额找到了一个恰当的人选。

我为替公司招聘一名合适的技术人员而几乎伤透脑筋，最后我找到一个非常好的人选，刚刚从名牌大学毕业。几次电话交谈后，我知道还有几家公司也希望他去，而且都比我的公司大，比我的公司有名。当他表示接受这份工作时，我真的是非常高兴，也非常意外。他开始上班后，我问他，为什么放弃其他更优厚的条件而选择我们公司？他停了一下说："我想是因为其他公司的经理在电话里是冷冰冰的，那使我觉得好像只是一次生意上的往来而已。但你的声音，听起来似乎你真的希望我能成为你们公司的一员。因为我似乎看到，电话的那一边，你正在微笑着与我交谈。你可以相信，我在听电话的时候也是笑着的。"

的确，如果说行动比语言更具有力量，那么微笑就是无声的行动，它所表示的是："我很满意你。你使我快乐。我很高兴见到你。"笑容是结束说话的最佳"句号"，这话真不假。

　　有微笑面孔的人，就有希望。因为一个人的笑容就是他好意的信使，他的笑容可以照亮所有看到它的人。没有人喜欢帮助整天皱着眉头，愁容满面的人，更不会信任他们。而对那些受到上司、同事、客户或家庭压力的人，一个笑容就能使他们感觉到一切都是有希望的，也就是世界是有欢乐的。

　　微笑能增加你成功的机会。所有的人都希望别人用微笑去迎接他，而不是横眉竖眼，横眉竖眼阻碍了心灵的交流。

　　所以，有的公司，在招聘职员时，以面带微笑为第一条件，他们希望自己的职员脸上挂着笑容，把自己的公司推销出去。

　　两名刚毕业的大学生同到一家公司应聘。面对发问，甲滔滔不绝甚至不等主考官说完就大发意见，很有"英雄有用武之地"的感慨。而相貌平平的乙，却始终面带微笑，平静而又不失机灵地陈述着自己的见解。结果只有乙被录用了。究其原因，用主考官的话来说，就是他从乙的微笑中，看见了乙礼貌自信的稳重品质，看见了乙潜在的创造力。因此，无论你是生活上求助于他人，还是请求上司变换工作，只要你巧施微笑，你就一定会左右逢源，万事皆顺。

　　在一个适当的时候、恰当的场合，一个简单的微笑可以创造奇迹，一个简单的微笑可以使陷入僵局的事情豁然开朗。

　　几年前，在底特律的哥堡大厅举行了一次巨大的汽艇展览，人们蜂拥而来，在展览会上人们可以选购各种船只，从小帆船到豪华的巡洋舰都可以买到。

　　在汽艇展览期间，有一宗巨大的生意差点儿跑掉了，但第二家汽艇厂用微笑又把顾客拉了回来。

在这次展览中，一位来自中东某一产油国的富翁，他站在一艘用来展览的大船面前，对站在他面前的推销员说："我想买只价值2000万美元的汽船。"我们都可以想象，这对推销员来说是求之不得的好事。可是，那位推销员只是直直地看着这位顾客，以为他是疯子，没加理睬，他认为这位富翁是在浪费他的宝贵时间，所以，脸上冷冰冰的，没有笑容。

这位富翁看看这位推销员，看着他那没有笑容的脸，然后走开了。

他继续参观，到了下一艘陈列的船前，这次他受到了一个年轻的推销员的热情招待。这位推销员脸上挂满了欢迎的微笑，那微笑就跟太阳一样灿烂。由于这位推销员的脸上有了最可贵的微笑，使这位富翁有宾至如归的感觉，所以，他又一次说："我想买只价值2000万美元的汽船。"

"没问题！"这位推销员说，他的脸上挂着微笑，"我会为你介绍我们的系列汽船。"他只这样简单地附和说，便推销了自己。而且，他在推销任何东西之前，先把世界上最伟大的东西推销出去了。

所以，这位富翁留了下来，签了一张500万美元的支票作为定金，并且他又对这位推销员说："我喜欢人们表现出一种他们非常喜欢我的样子，你现在已经用微笑向我推销了你自己。在这次展览会上，你是唯一让我感到我是受欢迎的人。明天我会带一张2000万美元的保付支票回来。"

这位富翁很讲信用，第二天他果真带了一张保付支票回来，购下了价值 2000 万美元的汽船。

微笑就是希望，微笑就是力量！这种微笑每次回想起来都会带给人宁静和安全感。